大学公共平台核心课程系列教材

体育欣赏

主　编：黄晨曦

副主编：樊　凌　唐建强
戴雯惠

东南大学出版社
·南京·

内容提要

本书是根据《全国普通高等学校体育课课程教学指导纲要》的精神编写，主要内容有体育欣赏的概述、奥林匹克运动和竞技体育、休闲体育、极限运动、民族体育五部分。本书与传统的体育教材相比，在结构、内容上有所突破，并且有着较大的针对性和实用性，有利于不同层次和不同类型的师生学习参考，达到全面提高大学生综合素质的目的。

图书在版编目(CIP)数据

体育欣赏/黄晨曦主编. —南京：东南大学出版社，2005.9(2024.8 重印)
(大学公共平台核心课程系列教材)
ISBN 978-7-5641-0069-8

Ⅰ.体... Ⅱ.黄... Ⅲ.体育-高等学校-教材 Ⅳ.G807.4

中国版本图书馆 CIP 数据核字(2005)第 060666 号

体育欣赏

主　　编	黄晨曦	选题总策划 整体设计	李　玉
副 主 编	樊　凌 唐建强 戴雯惠	文字编辑	黄俊波
		责任印制	张文礼
		封面设计	康　靖

出版发行	东南大学出版社
社　　址	南京四牌楼 2 号
邮　　编	210096
经　　销	江苏省新华书店
印　　刷	广东虎彩云印刷有限公司
开　　本	700mm×1000mm　1/16
印　　张	10.25
字　　数	288 千字
版　　次	2005 年 9 月第 1 版
印　　次	2024 年 8 月第 9 次印刷
书　　号	ISBN 978-7-5641-0069-8
定　　价	28.00 元

(凡因印装质量问题，可直接向读者服务部调换。电话：025－83792328)

大学公共平台核心课程系列教材编委会名单

Preface 前言

身体的运动最直接地展示着人类自身的本质，寄托着人类永恒的追求与理想。力量与美、崇高与荣耀、和平、沟通、理解等，都可以通过身体的运动和接触来表达。运动和观看运动使我们体验着各种情感，享受着人体潜能不断迸发的喜悦，体味着挫折后的沮丧与委屈。在观看体育的各项比赛时，我们可以看到体育运动的美：静态的身体美——形态、姿态、体质、素质、肤色；动态的运动美——动作、技术、战术；运动者以言行举止所反映出来的精神美——意志、风格、拼搏、进取；以及在运动场所展示的装饰美——服装、场馆、设备、灯光等。在目前世界流行的体育运动中，众多的体育项目都有其各自的风格和特色。例如：激烈的有拳击、摔跤、柔道；平静的有围棋、象棋、桥牌；壮观的有滑雪、滑水、冲浪；优美的有体操、跳水、花样游泳、健美等。与此同时，当人们在欣赏体育运动项目时，对运动员动作的动与静的观察，能享受其无穷的美感；对动作技术中高、难、险、新的追求，给人以稳定、庄严、明快之感；对技术、战术美的欣赏，能加深对比赛整体感和立体感的认识；体育比赛中的风格，是复杂的社会活动在运动竞赛中特有的表现，不仅让人们看到畏强欺弱、投机取巧、蛮横粗野的拙劣行为，使人对这种行为更加厌弃，也使人们为运动员为获得优异成绩而顽强拼搏、勇于进取的意志品质所感染，得到美的享受。体育观赏给人们带来的是无尽的精神快乐和对美好生活的向往。

Preface 前言

本书以全面提高大学生综合素质为目的，旨在培养大学生对体育运动的兴趣爱好。特别是在内容上，选择了大学生喜闻乐见的奥林匹克竞技运动项目；户内、户外充满生机的益智的休闲体育；具有挑战、新奇、动感和速度的极限体育；表现中华民族文化遗产的民族体育。相信大学生们会从这本书中得到所需要的知识和信息，由此来吸引、鼓励、帮助您，使您能以更加积极、热情的心态，投入到健身、休闲、挑战、回味的学习、生活中去。

本书在编写过程中得到南京大学任景岩教授、沈如玲教授、薛雨平教授、朱唯唯教授，苏州大学张宏成教授等专家的帮助和热情的指导，并得到了东南大学出版社的大力支持，在此表示最衷心的感谢！

编　者

2005 年 6 月

目录

Contents

第1章 体育欣赏概述 …… 1
1.1 体育的内涵 …… 1
1.1.1 体育名词的历史演变 …… 1
1.1.2 体育的定义 …… 1
1.1.3 体育概念体系表 …… 2
1.2 体育欣赏 …… 2
1.2.1 体育欣赏中的体育美学原理 …… 2
1.2.2 体育欣赏的体育美学特点 …… 3
1.2.3 体育欣赏的分类 …… 4

第2章 奥林匹克运动和竞技体育 …… 8
2.1 奥林匹克运动概述 …… 8
2.1.1 古代奥林匹克运动会的历史 …… 8
2.1.2 现代奥林匹克运动会的历史 …… 10
2.1.3 中国奥林匹克运动会的历史 …… 11
2.1.4 21世纪奥运会命运 …… 13
2.2 奥林匹克运动项目 …… 14
2.2.1 夏季运动会 …… 14
2.2.2 冬季运动会 …… 15
2.3 竞技体育概述 …… 16
2.3.1 竞技体育的概念 …… 17
2.3.2 竞技体育的特性 …… 17
2.3.3 竞技体育与人类社会的关系 …… 18
2.3.4 竞技体育项目分类 …… 19
2.4 竞技体育项目欣赏介绍 …… 20
2.4.1 球类运动 …… 20
2.4.2 水上运动 …… 32
2.4.3 力量类运动 …… 41
2.4.4 体操类运动 …… 46
2.4.5 田径类运动 …… 53
2.4.6 射准类运动 …… 54
2.4.7 其他 …… 57

Contents

2.4.8 冰上运动 …… 64
第3章 休闲体育 …… 74
3.1 休闲体育概述 …… 74
3.1.1 休闲的概念 …… 74
3.1.2 休闲体育的概念 …… 74
3.1.3 休闲体育的内涵 …… 75
3.1.4 休闲体育的功能 …… 75
3.1.5 休闲体育的分类及内容 …… 76
3.2 休闲体育项目欣赏介绍 …… 77
3.2.1 水上项目 …… 77
3.2.2 陆上项目 …… 78
3.2.3 空中项目 …… 90
3.2.4 棋牌类项目 …… 94
第4章 极限运动 …… 102
4.1 极限运动概述 …… 102
4.1.1 极限运动的概念 …… 102
4.1.2 极限运动的起源 …… 102
4.1.3 极限运动的发展 …… 103
4.2 极限运动项目欣赏介绍 …… 104
4.2.1 水上项目 …… 104
4.2.2 陆上项目 …… 107
4.2.3 空中项目 …… 119
第5章 民族体育 …… 122
5.1 民族体育概述 …… 122
5.1.1 民族的概念和民族体育的概念 …… 122
5.1.2 民族体育的起源 …… 123
5.1.3 民族体育的特性 …… 123
5.1.4 民族体育分类及内容 …… 125
5.2 民族体育项目欣赏及介绍 …… 126
5.2.1 竞技类 …… 126
5.2.2 娱乐类 …… 140
5.2.3 健身类 …… 153
参考文献 …… 156

第1章

体育欣赏概述

1.1 体育的内涵

1.1.1 体育名词的历史演变

中国最早并没有“体育”这个词，但在这个具有几千年历史的文明古国里，具有民族特色的各种体育活动却内容丰富多彩，与体育有关而使用的词有：“养生”、“导引”、“武术”等。古代西方也没有“体育”一词，接近的是“体操”、“竞技”、“训练”这些词汇。而雅典体育、斯巴达体育的风格与此不一样，只有“体操”一词接近“体育”。

在14世纪，文艺复兴时代，人们将古希腊的文化进行了整理，应用了“体操”一词。直至18世纪(1760年)才在法国的报纸上出现“体育”一词。运用最多的是作家卢梭，他在文章中大量运用——Physical Education，其意义：体育是身体教育过程。19世纪西方欧美国家也开始采用。在亚洲，日本最先引用“体育”一词，是由作者近滕镇三在1876年引用，1887年才大量被人们应用。我国在19世纪末由日本引进，最早使用的是梁启超(1897年)，而后在1901年的报刊上出现这一词。1903年出现了以“体育”为词的组织是“无锡体育会”。官方文件上首次使用的是1903年清政府的张之洞。在1897年以前，中国近代，一直用“体操”来代表“体育”，并出现两词来回借用、混用，直到“五四运动”，1923年北洋政府对课程进行了改革，认为使用“体育”一词涵盖面广泛，而“体操”一词涵盖面狭小。

1.1.2 体育的定义

体育(广义)：在人类社会发展中，根据生产和生活的需要，遵循人体生长发育规律，以身体练习为基本手段，达到增强体质、提高运动技术水平、丰富社会文化生活等目的的一种有目的的、有意识的社会活动。它是社会文化教育的组成部分，受一定社会的政治和经济的制约，为一定社会的政治、经济服务。

体育(狭义)：体育教育。由学校体育、竞技体育、康乐体育三个方面组成。

学校体育：发展身体，增强体质，传授体育知识、技术、技能，培养健康思想和终身体育观的教育过程。

竞技体育（竞技运动）：为了最大限度地发掘和提高人体在体格、身体能力、心理和运动能力等方面的潜力，取得优异成绩而进行的科学、系统的训练和竞赛。

康乐体育（我国称群众体育，国外称大众体育，包括体育锻炼和身体娱乐）：它是以健身、健美、康复、休闲、娱乐为目的，运用体育锻炼、旅行、体育医疗、娱乐等手段和形式进行的群众性体育活动。其特点是内容丰富多样，形式灵活，自愿参加，因人而异，讲究实效。

1.1.3 体育概念体系表

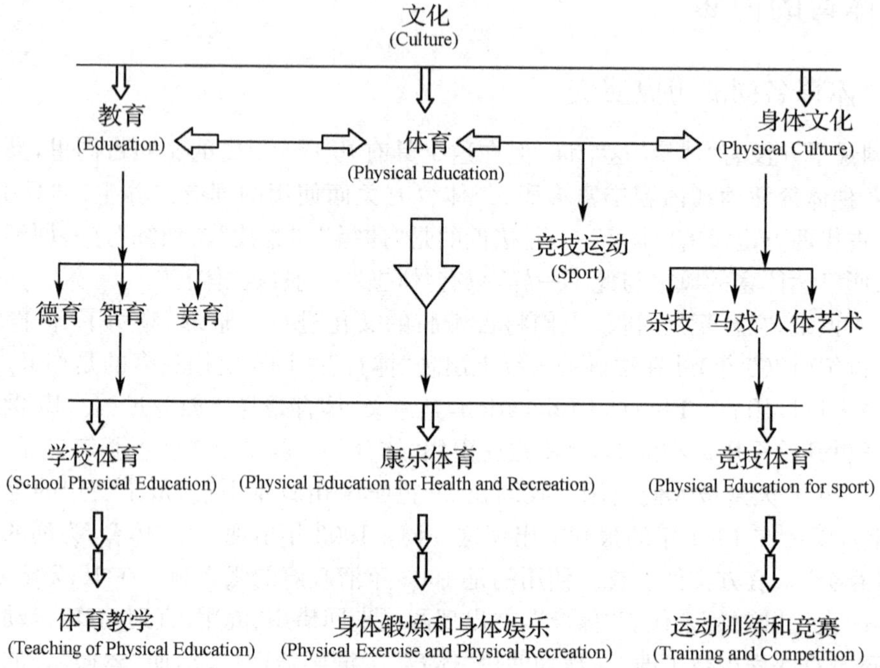

1.2 体育欣赏

1.2.1 体育欣赏中的体育美学原理

在体育美学中，包含着大量与美有关的问题。当人类根据自身的目的和需要，通过体育活动去塑造自己的身心和自己的形象时，他就会按照“美的规律”来创造自己，并表现出对美的渴望和追求。因而，体育作为人类创造自身的实际活动，其本质和深层涵义也就是一种追求美的活动。

1. 体育美起源于人类社会的体育实践

在原始社会，原始人的生产工具非常简陋，只有一些天然的石头和木棍等，他们的生产劳动也主要是依靠自己身体的活动。随着生产实践的逐步深化与发展，人类使用的生产工具也逐步增多，随之而来的操作工具的方式和身体姿势也一天天的多了起来。当人们掌握了使用和操作、制作生产工具的方法时，人们就已经看到了自己的聪明智慧和创造力量，此时此刻，人类的美也就诞生了。

2. 体育美是具体可感的形象

在现实生活中，美的事物可以被人们用感官去感受，她具有一定的形象，体育世界是一个充满美的世界。当今体育健儿在形形色色的体育运动项目中竞相争美，美的事物层出不穷，美的现象也是变化万千。所有这些都是通过他们的运动形象来表现的，这些表现使人们领略到体育美的奥妙，感悟到体育美的真谛。而让每一个观赏者能真正品味到体育比赛、表演、娱乐所带来的美的感受的是，运动员的技术、战术、喜怒哀乐。

3. 体育美是能使人愉悦身心的形象

体育美是具体可感的形象，但并不意味着一切有形象的体育事物都是美的。在体育活动中，人们会发现一些不愉快的事物，如：动作粗野，观众起哄，围攻裁判，球迷闹事，弄虚作假，营私舞弊，"君子协定"，服用兴奋剂等等。这些体育现象非但没有给人们带来审美的愉悦，反而使人们产生厌恶的情绪。为此，体育美应给人们带来的是在体育表演和激烈运动竞赛时那种使人精神振奋，情绪高涨，令人陶醉，心旷神怡的喜悦心情。这才是体育运动的艺术魅力所在。

4. 体育美是反映人的自由创造的形象

体育美之所以会引起人们的身心愉悦，一方面是由于她具有宜人的形式，如体态均匀和谐，动作干净利索，节奏明快流畅等；另一方面，体育美的内容能充分反映人类在体育实践中的"自由创造"的特性，即征服、超越、开发、表现的能力。

1.2.2 体育欣赏的体育美学特点

1. 体育的整体美

整体美是体育欣赏中的一个特定形态，她表现在集体项目的群体组合和活动中。如篮球、排球、足球队，通过体育技术的组合、运行、提高等，以及出神入化的程度所表现出来的整体美。队员们之间配合默契、娴熟的传接球、投篮、扣球、射门等都表现了群体意识美、智慧美和技术美。

2. 体育的含蓄美

体育的艺术美、创造美，人们内心的道德美、力量美、智慧美等都是含蓄美的表现形式。体育活动的拼搏意志美，更是我们这个民族向上精神的具体体现。

3. 体育的形式美

体育的形式美是技术、形状、结构和动作组合美，是体育的外形美，包括体育的比例、和谐、均衡、节奏、场地器材布置、对称优美和队形的整齐等。它给人们以生理上、心理上的愉快，是人们表现自我意识和创造能力的方式之一，是体育美的重要体现。

4. 人体的形态美

人体的形态美主要表现为自然或正常的体态，包括正常的生长发育、丰满的肌肉、自然协调的动作、正常的行动姿态等。体育活动使人们形成了健壮匀称的体格，端正的健美姿势。形与美的协调，充分展示了人体美和充满朝气的气质美。

5. 人体的动作美

人体的动作美主要表现在动作的协调和韵律感上。体育就是发展人们身体的各种能力，培养动作的灵巧性和协调性，发挥动作的速度，使其既经济又美观。人们在比赛或活动中，动作协调、节奏分明，使人产生一种美的感受，特别是艺术体操、花样游泳、武术等项目，更是体育与艺术的结合，具有很好的美育作用。

6. 人体的健康美

健康美是人类健康的身体呈现的美。在大众中开展的各项健身活动，充分地展示了充满着生命力的健康美。身体健康、肌肉匀称、体躯雄伟，还有优美大方、灵活、协调、富有节奏感以及活动中体现出来的良好心理素质，都给人以健康美的情感体验。

在体育运动中，美的表现具有不同的形状、相貌和特性，她们给人的审美感受也是不尽相同的。正是由于体育能给予人们如此多的情感体验，从而促使更多的人去关心她，了解她，欣赏她，体验她，参与她。

1.2.3 体育欣赏的分类

1. 奥林匹克运动与竞技体育

竞技体育的特点就是竞争性、规范性、公平性、公开性、集群性、功利性等。

1）竞争性

竞技体育使得体育比赛更加精彩、激烈，增加了比赛胜负的不确定性，最能吸引观众的注意力。

2）规范性

竞技体育要求运动员必须具有高度完美的运动技艺，要求各项竞赛规则、规程的完备和相关竞技管理的系统化。这种完美的技艺、完备的规则、系统的管理一方面让观众感觉到体育是一种稳定、完善的艺术形式，另一方面让观众感觉到在欣赏这一艺术形式时确实有章可循。

3）公平性

竞技体育是每一个运动项目顺利开展的前提条件，也是观众能够观赏到正常运动比赛的必要条件。

4）公开性

竞技体育是竞技体育战术和竞技体育文化不断创新和持续发展的根本条件。

5）集群性

竞技体育的集群性是指运动员、教练员、裁判员、运动迷、观众、管理人员等诸多群体参与的特殊社会关系系统。这一系统内部的诸多关系和交流活动是竞技体育充满无穷魅力的重要源泉，很大一部分观众乐于出入运动场馆就是因为竞技体育的高度集群性。

6）功利性

竞技体育的功利性本质上是资本主义社会的产物，在社会主义初级阶段这种情况也会出现。比如运动博彩，其中的功利性和风险性吸引了大批"彩民"，他们专心致志，乐此不疲。

人们赋予了竞技体育这么多的特点，就可以通过这些特点而观赏到、享受到竞技体育带给人们的不仅仅是从运动参与的胜利中获得喜悦，而且是通过观赏自己热衷的运动，从日常紧张的工作和生活中解脱出来，获得一种特有的轻松感和美的享受。在当今社会，经济的巨大发展、人们物质生活的日益富足及闲暇时间的日渐增多，为人们进一步提高自我生活质量提供了可能。运动观赏则成为人们善度时间、提高自我生活质量的最好方式之一。

奥运会是一个世界性的巨大规模的活动。它的活动是持续性的、全球性的，是推动现代体育发展的动力，它也成为人类社会生活的需要，是促进人类和平与现代社会不断进步的积极因素，是人类文明的一个标志。早在古代奥运会中，它的可观赏性就已经得到充分的体现。例如，丰富多彩、激动人心的奥林匹克运动项目。与之相伴的是气势磅礴的奥林匹克建筑、形象生动的奥林匹克绘画与雕塑、启迪灵感的奥林匹克文学等等，这些无不洋溢着浓郁的美感效果和艺术气息。

在现代奥运会中体育运动与文化艺术结合，其会标、吉祥物、宣传画等的设计，主题曲的创作，开、闭幕式的文体表演中的音乐、舞蹈创作，奥运会场馆建筑设计，比赛设施和运动服装的设计等，无不渗透着人们追求美好事物的愿望，这些与竞技比赛一样受人瞩目。奥林匹克运动意在创造和展示一个美的世界，她不仅展示着世界一流的人体形态的美、力量的美、韵律的美、运动的美，而且也集中了其他多种文化艺术形式的美。观众在观赏这些运动的同时，内心可以达到极高的审美意境，自身的美感修养也得到不同程度的提高，比赛的可观赏性在这里得到淋漓尽致的发挥。

2. 休闲体育

当今社会的进步与发展，使得人们的生活水平与生活质量不断地得到改善和提高。科学技术的迅猛发展和生产力水平的提高，使人们的物质生活更加丰富多彩；信息时代的来临和激烈竞争的快节奏工作，使人们的价值观念与生活方式发生了很大的变化；伴随着生产效率的提高，人们拥有了更多的余暇时间。因而人们越来越多地关注自身的发展，关注生活内容的丰富和生活质量的提高。体育作为一种社会文化现象，其价值、功能和作用正在为越来越多的人们所认识。以强身健体、愉悦身心为主要目标的多种形式的体育活动，进入了人们的余暇生活，休闲体育便应运而生。当今，将体育作为休闲娱乐的手段，已成为现代文明生活方式的一种时尚和标志，并将在人类社会文化生活中发挥越来越大的作用。

3. 极限运动

极限运动是指人类在与自然的融合过程中，借助于现代高科技手段、最大限度地发挥自我身心潜能，向自身挑战的娱乐体育项目。除了追求竞技体育超越生理极限的"更高、更快、更强"外，她更强调参与和勇敢精神，在跨越心理障碍时所获得的愉悦感、成就感。同时它还体现了人类的返璞归真、回归自然的心愿，强调了对绿色环保、生态平衡的美好愿望，因此被誉为"未来体育运动"。

极限运动与传统体育项目相比，它更富有超越身心极限的自我挑战性、观赏刺激性、高科技渗透性、商业运作性。在人们的视线之外，非主流的运动项目中，潜藏着一股回归自然、融于自然、挑战自我、达到天人合一思想境界的极限运动。在欧美各国及各发展中国家，参加极限运动已经成为都市青年最流行、最持久的时尚，参加极限运动会已成为广大都市青年梦寐以求的愿望！极限运动的兴起，使人们逐步离开传统的体育场馆，走向野外，愈来愈倾向于纵情于山水之间，向大自然寻求人类生存的本质意义。

4. 民族体育

中华民族传统体育是中国体育事业的重要组成部分，是中华民族宝贵的文化遗产。许多优秀的民族传统体育项目，不仅具有很强的健身价值，而且还有很高的艺术价值和丰富的娱乐、教育功能。中国是一个多民族的统一国家，共有56个民族。在这56个民族中普遍流传着各个民族所固有的传统体育项目。例如，流传在蒙古族、藏族、彝族、维吾尔族、哈萨克族、水族、苗族等少数民族中的赛马运动；流传在蒙古族、彝族、藏族、维吾尔族、壮族、瑶族中的摔跤运动；流传在藏族、蒙古族、维吾尔族、鄂伦春族、苗族、傣族、景颇族、拉祜族、独龙族、傈僳族、佤族等民族中的射箭、射弩、射击运动；壮族、苗族、白族中流传的舞龙运动；每逢泼水节在傣族、苗族、白族、水族中盛行的划龙舟运动；每年春天在苗族、壮族、高山族、土家族、羌族、哈尼族、维吾尔族、拉祜族、朝鲜族中举行的荡秋千比赛；在侗族、苗族中流行的爬山运动；傣族、彝族、白族的多种多样的跳高运动；侗族的抢花炮；拉祜族的打马桩；高山族的竿球；藏族的坠绳、飞绳；蒙古族的打"布鲁"；拉祜族的拔腰劲；苗族的手打毽子等运动；汉族的舞龙、赛龙舟、舞狮、抽陀螺、放风筝等。

第2章

奥林匹克运动和竞技体育

2.1 奥林匹克运动概述

体育无国界。“奥林匹克”是世界语言。从公元前776年第一支奥林匹克火炬在奥林匹亚熊熊燃起，二千多年过去了，奥林匹克“圣火”在世界各地越烧越旺。四年一度的奥林匹克运动会已成为全世界各国瞩目的盛会。那么，奥运会为何经久不衰，受到众多国家人民的青睐？这主要是由体育和社会文明的关系而引发的。

人类生存需要体育，工作、学习、社会发展需要体育。只有从事体育锻炼，才能有健全的体魄，才能迎接各种挑战，才能胜任今后的工作。奥林匹克运动还是现代科技的橱窗，华丽而典雅的场馆建筑、造型奇特的体育雕塑、优美先进的仪器设备，都会使人久久难以忘怀。人们对奥林匹克运动的关注，已远远超出体育界，她吸引了建筑学界、美学界以及整个科技界的浓厚兴趣。这一切都来源于她的思想体系是奥林匹克主义（Olympics）和奥林匹克思想（Olympic Idea），她所体现的行动是奥林匹克运动（Olympic Movement），她的意识形态是奥林匹克精神（Olympic Spirit）。

2.1.1 古代奥林匹克运动会的历史

古代奥林匹克运动起源的真正原因至今仍无肯定的答案，但是古希腊的神话和传说为我们提供了重要线索。另据考古专家考证，在希腊、奥林匹亚、阿尔蒂附近有古代奥运会运动场，在奥林匹亚“宙斯神”、“赫拉”的庙前举行过祭祀活动。

1. 古奥运会的起源

1）古希腊是一个城邦制国家，无统一的君主。外来者的入侵，内部镇压奴隶起义的战争连年不断。斯巴达人口不多，民性强悍，不事生产，专以掠夺、侵略为主。为了侵略和战争的需要，奴隶主通过体育训练来培养士兵。儿童从7岁开始就由国家培养训练体育、军事。战争促进了希腊体育运动的开展，但也使其走向反面。人们开始厌恶这种毁人家园、相互残杀的战争，渴望和平生活。因而，将体育竞技逐渐变为和平与友谊。同时也是祭奉某一神灵的祭典活动之一。

2）当时古希腊实行奴隶制，社会生产劳动由奴隶们来完成，奴隶主将全部时间用来从事科学、文化、艺术、体育等方面的活动。从某种意义上来讲，它也促进了当时社会的发展、进步。

2. 古奥运会的召开

目前已不能断定第一届古奥运会召开的确切时间，但是公元前 776 年的一次颁奖仪式，标志着古希腊奥林匹克竞技年代的开始。每四年举办一次，由清一色的男选手参加，也是庆祝男子竞技美、和平的典范时刻。从公元前 776 年至公元 393 年，共举办了 293 届。

3. 古奥运会的特点

1）女子不能参加和观看比赛，违犯者将要受到法律制裁甚至处以死刑。直到公元前 268 年，第 128 届古奥运会，才设有了女子比赛项目。

2）运动会是以祭神为主要内容。公元前 776 年，在人民渴望和平、自由生活的要求下，古希腊伊利斯国王、斯巴达国王和比萨国王在神的旨意下，签订了“神圣休战”的协议，并决定在奥林匹亚“宙斯神”、“赫拉”的庙前举行祭祀活动。

3）运动员比赛时赤身裸体，一丝不挂，这与古希腊的风俗习惯、艺术风格、地理环境和物质生产都有着密切的关系。

4. 古奥运会开设的项目

跑步距离起初只有 1 个斯泰德(Stade)，随后为 2 个(约 400 米)，后来逐渐增加到 24 个斯泰德，并增设了 5 项竞技运动项目——跑步、跳跃、标枪、铁饼、摔跤。场面激烈而又危险的马车比赛也出现在赛马场上。其后，拳击、角力相结合的摔跤运动也产生了。古希腊的长度单位 1Stand＝192.27 米，据说这个距离是竞技之父——赫拉克勒斯神脚的 600 倍。

5. 古奥运会优胜者的奖励

在古奥运会比赛中，只有希腊人才能参加竞技比赛，奴隶、外国侨民、犯过罪的人都不能参加比赛。比赛为期 5 天。比赛规则非常严格，禁止弄虚作假，禁止使用不光彩手段取胜。胜利者获得一顶用神圣之树——橄榄树的枝叶做成的花冠，回到家乡时，城中的居民会把他看作英雄。

6. 古奥运会的夭折

从公元前 776 年至公元 393 年，共举办了 293 届。其衰落的原因有以下几个方面：

1）利欲取代了圣洁，弄虚作假，各个城邦争先购买最好的运动员，没有选拔赛。

2）基督教的介入，特别是古罗马帝国皇帝狄奥多西一世，他认为运动会是异教活动，下令禁止举行。

3）入侵的哥特人破坏了奥林匹亚城，放火烧毁了奥林匹亚庙宇。

4）公元 395 年后，希腊的奥林匹亚山区附近发生过特大洪水、地震、海啸。

2.1.2 现代奥林匹克运动会的历史

1. 奥林匹克运动的复兴

14 世纪至 18 世纪中叶，欧洲爆发了文艺复兴、宗教改革、启蒙运动三大思想文化运动。新兴资产阶级思想猛烈抨击了长期统治欧洲基督教腐败的教义。欧洲人文主义者主张“健全的精神，寓于健全的身体”。导致人们回忆已泯灭久远的古奥运会，颂扬古希腊身心和谐发展的体育观，赞扬古奥运会崇高的竞技精神。19 世纪末，法国贵族出生的皮埃尔·德·顾拜旦(1863—1937)为使奥运会的恢复成为现实，将过去只限于希腊人参加的古奥运会扩展到全世界范围内，使奥运会具有了新的生命力。1896 年在希腊雅典举行了第 1 届现代奥林匹克运动会。

2. 现代奥林匹克运动会

现代奥林匹克运动会从某种意义上说是古奥运会的延续和发展，但绝不是翻版。它继承了古奥运会的精神和传统，突破了过去只属于希腊人体育竞技的狭小范畴，使她更具有国际性，冲击了古奥运会设置的模式，使占人类一半的妇女获得参加比赛的权利。至于竞赛规模、技术水平，则远非古奥运会可以比拟的。

3. 现代奥运会的特色

1）现代奥林匹克运动会的基本原则是通过体育竞赛来教育青年，从而建立一个更加美好的世界。奥运会不再会因为种族、宗教或政治原因将任何国家或任何个人排除在外。通过奥运会体现了人们渴望可以在公正、友好的环境下进行比赛的愿望。

2）现代奥运会分夏季和冬季。夏季运动会自 1896 年开始举行第 1 届到 2004 年止应举办 28 届，实际上只举行过 25 届，因两次世界大战，停办了 3 届(1916 年柏林的第 6 届、1940 年东京的第 12 届、1944 年伦敦的第 13 届)。冬季运动会自 1924 年到 2002 年已举办了 19 届。1924 年国际奥委会通过决议，允许女子参加运动会。1928 年妇女参加了第 9 届奥运会，从此女子正式走上了世界体坛。

3）在现代奥运会举行的开幕式上，将播放奥林匹克运动会的会歌，并升起奥运会的会旗。

4）现代奥运会的圣火是在 1928 年的第 9 届奥运会开幕式上第一次点燃的，她是象征着团结、和平、友谊的圣火，并规定在奥运会发源地奥林匹亚希腊女神赫拉(宙斯神之妻)庙前举行点火仪式，并将火种由各个国家和地区的运动员通过长跑一程一程地向东道国传递，最后在开幕式上，由东道国著名运动员接最后一棒火种进入主会场，点燃焰火塔，一直燃烧到运动会闭幕时熄灭。

5）现代奥运会的会旗是白底无边，中央是会徽。会徽为五个相互套连的圆环，即奥林匹克环。它是由蓝、黄、黑、绿、红五种颜色组成，其含义象征五大洲的团结，全世界的运动员以公正、坦率的比赛和友好的精神，在奥运会上相见。

6）在1920年的第7届奥运会上就恢复了古奥运会开幕式上进行的运动员宣誓仪式，誓词为："我代表全体运动员宣誓，为了体育的光荣和本运动队的荣誉，我们将以真正的体育精神参加本届奥林匹克运动会的比赛，并尊重和遵守各项规则。"然后，进行裁判员的宣誓，誓词为："我代表全体裁判员宣誓，在本届奥林匹克运动会上，我们将尊重和遵守奥林匹克运动会的一切规则，公正无私地履行自己的职责。"

7）奥林匹克格言是"更快、更高、更强"。此外，也有将"重要的是参与，而不是胜利"作为格言的。

8）奥林匹克运动会的奖牌直径至少60毫米，厚至少3毫米，金牌和银牌由纯度为92.5%的银制成，金牌的表面至少有6克纯金镀层。

2.1.3 中国奥林匹克运动会的历史

1. 中国早期奥林匹克运动

现代奥林匹克运动传入中国，并取得发展，经历了一个漫长的过程。我国是在第2届现代奥运会之后，也就是在1903年才了解世界上还有奥林匹克运动会。

1907年由天津基督教青年会的一名教育名人——张伯伦提出参加奥运会。而后在1908年一些青年会的体育干事提出三句口号：

（1）中国何时能组队参观奥运会；

（2）中国何时能组队参加奥运会比赛；

（3）何时能在中国举办奥运会。

1945年中国正式提出申办奥运会。

解放前中国奥委会的三位委员——王正伦（1882—1961年），曾任国民党外交部长；孔祥熙（1880—1967年），为参加奥运会筹款起到过重要作用；董守义（1895—1978年），曾任浙江大学教授。

中国第一次参加奥运会是1928年在荷兰的阿姆斯特丹举行的第9届奥运会，当时由于准备不足，只是去了解、参观和出席，因此，只派了宋如海一人作为观察员身份出席，而未参加比赛。

第10届奥运会于1932年在美国的洛杉矶进行。中国原准备派足球和田径选手参赛，但由于"九·一八"事变和政府对参加奥运会毫无兴趣，致使计划落空。后来经过"体育协进会"的筹划，在张学良将军的热心资助下，终于派出了一个代表、一个选手、一个教练的三人代表团。当时的选手就是我国的著名短跑选手李长春。但是，由于旅途疲劳、体力不支等原因，在100米和200米跑的预赛中就被淘汰。此届奥运会是中国运动员第一次正式进入奥运会的赛场，虽然成绩不佳，但是向全世界宣告了中国奥林匹克运动的存在。

1936年的第11届奥运会在德国的柏林举行，由国民党政府派出了参加田径、篮球、足球、游泳、举重、竞走、自行车比赛和武术表演的选手，以及政府官员共计有93人组成的代表团。参赛成绩除了男子撑杆跳高进入了复赛，其他各个项目均在预赛中被淘汰。武术表演却引起了各国体育界和观众的极大兴趣。

第14届奥运会于1948年在英国的伦敦举行。中国派出了33名运动员的代表团，参加了田径、篮球、足球、游泳、自行车等比赛，但是各个项目都未能进入决赛。

中国早期的奥林匹克运动水平很低，这也反映了旧中国在政治、经济、文化、体育等方面的落后状态。经济是发展奥林匹克运动的社会基础，只有经济发展水平提高了，中国的奥林匹克运动成绩才会有更大的提高。

2. 当代中国的奥林匹克运动

中华人民共和国自1949年成立以后，就开始组建“中华全国体育总会”，准备在1952年参加奥运会，但是由于在国际奥委会中有人制造“两个中国”，故只参加了一项男子的仰泳和闭幕式，之后中国停止了参加奥运会，直到1979年国际奥委会恢复了我国的合法席位，中国才正式参加奥运会比赛。我国现任奥委会的委员——何振梁，在1981年当选为国际奥委会委员，他也是奥委会执行委员会的委员。迄今为止夏季奥运会实际举办了25届，由于种种原因，中国只参加了其中的10届，即第10届、11届、14届、15届、23届、24届、25届、26届、27届和第28届。但是即使在中国奥委会被迫中断同国际奥委会的联系期间，中国运动员也没有放弃奥林匹克运动的宗旨和精神，仍然在自己力所能及的范围内为发展奥林匹克运动而积极努力。

1984年7月29日，对于所有关注中国关心奥运的人来讲都是一个特别的日子，许海峰以566环的优异成绩摘取了洛杉矶奥运会的第一枚金牌，也实现了我国奥运史上“零的突破”。萨马兰奇亲自为他颁奖，并说：“这是中国体育史上最伟大的一天，我为能够亲自将这块金牌授给你们而感到荣幸。”也许正如美国奥委会主席威·西蒙在那届奥运会开幕之初所言：“中国从神秘的帷幕之后走出来，以一个长期睡梦觉醒的巨人的姿态突然出现在奥运会上……”。在20世纪最后一届奥运会——第27届悉尼奥运会上，中国首次进入奥运会金牌榜前三名，取得了历史性的突破。

中国体育1959—2000年，从1959年乒乓球运动员容国团获得的第一个世界冠军，到2000年底谢军夺得我国20世纪最后一个世界冠军——世界女子国际象棋冠军，在这42年里，我国运动员共获得1 405个世界冠军，其中非奥运会项目冠军475个，奥运会项目为16个项目的930个冠军，共获得奥运会金牌80枚，银牌89枚(其中冬奥会10枚)，铜牌68枚(其中冬奥会4枚)，成为奥林匹克大家庭中积极的新成员，创造世界纪录1 042次。

2.1.4 21世纪奥运会命运

1. 奥运会的规模

2000年在悉尼举行的第27届奥运会上,运动员和官员人数超过10 200人。1896年第1届现代奥运会在雅典举办时,只有311人,比赛项目只设8个大项,43个小项。而2000年在悉尼举办时,已增加到28个大项,300个小项,并有更多的项目想列入奥运会,例如武术、橄榄球、滑水、高尔夫球等11个项目。比赛项目的不断"增容",让组织者无法承受。第28届雅典奥运会有来自国际奥委会201个会员协会的11 099名运动员参加了总共28个大项37个分项301个小项的比赛。参与报道第28届奥运会的新闻记者共有21 500名,其中摄影和文字记者5 500名,广播记者16 000名,共招募到160 000名志愿服务者。

中国参加奥运会获得奖牌数一览表

届　数	举办城市	中国获金牌数
23	美国洛杉矶	15枚
24	韩国汉城	5枚
25	西班牙巴塞罗那	16枚
26	美国亚特兰大	16枚
27	澳大利亚悉尼	28枚
28	希腊雅典	32枚

2. 互联网覆盖电视

IOC(国际奥委会)原来是由电视转播来获得收益。2000年在悉尼举办的第27届奥运会,全球共有37亿观众观看了由电视转播的比赛,悉尼组委会全部收入的55%来自于电视转播权,约有13.3亿美元。2004年接近于15亿美元。但是被称为"第四媒体"的互联网冲击已是无法回避。

3. 高科技是神还是魔

在20世纪里"得科技者得天下"。在新世纪里,高科技对体育比赛仍起到了举足轻重的作用。悉尼赛场"鲨皮衣"加低压氧舱,再加上泳池的科学设计,使游泳馆传来14次打破世界纪录的佳音。高科技协助人类超越极限、自我,但也衍生体坛恶魔——兴奋剂。如今已到了传统尿检无法适应的时代,而采用血检,时到如今,仍缺乏真正有效的办法。

历届高新技术应用情况一览表

届次	时间	地　点	事　件
5	1912	斯德哥尔摩—瑞典	田径场上使用电子计时器和终点摄影装置
11	1936	柏林—德国	电视实况转播,对奥运会进行完整记录,用电影播发
17	1960	罗马—意大利	对部分项目进行兴奋剂检查

续表

届次	时间	地　点	事　件
18	1964	东京—日本	发射卫星，向全世界进行实况转播，使用计算机和电动计时装置协助裁判工作
19	1968	墨西哥城—墨西哥	进行男女性别和兴奋剂检查
20	1972	慕尼黑—德国	使用最先进的自动控制、信息传播处理电子计时和激光测距技术，设"奥林匹克科学大会"
21	1976	蒙特利尔—加拿大	采用卫星从希腊把圣火直接传送到会场
23	1984	洛杉矶—美国	采用大型电子信息服务系统
24	1988	汉城—韩国	设计具有民族特色的超大型现代化体育馆
25	1992	巴塞罗那—西班牙	推出能满足一切项目计时、测速和记分的全能运动操作系统
26	1996	亚特兰大—美国	出现网络计算机系统的比赛组织管理系统
27	2000	悉尼—澳大利亚	采用水下点燃火炬，使用连体游泳衣、田径服和个性化跑鞋

4. 男女运动员何日平等

在现代奥林匹克运动会中，女子有些项目已经被允许参加，有了巾帼英雄的风采。例如：足球、举重、跆拳道。但是，像拳击、冰上运动等项目还没有被允许女子参加。自1900年第2届奥运会女子运动员11人，发展到2000年第27届奥运会4 000人。300项比赛中，有125项是女子运动员可以参加的。

5. 足球离奥运会越来越远

大家都知道，足球和田径是奥运会的热门项目，然而，由于奥运会上只允许各队派3名23岁以上运动员参加，使得一大批世界著名球星无缘奥运会，从而失去更多的球迷，故奥运会足球比赛没有世界杯，没有像欧洲职业联赛及各国联赛那样吸引球迷。同时，美国NBA球星和网球明星则以与家人团聚、结婚等为由，拒绝参加奥运会，让人们困惑的是那些大牌明星只认钱。

2.2　奥林匹克运动项目

2.2.1　夏季运动会(Summer Sports)

夏季运动会现有28个大项。它要求至少要在三大洲40个国家、地区广泛开展，女子项目至少要在两大洲25个国家广泛开展。项目顺序：田径、游泳(跳水、花样游泳、水球)、摔跤、体操、艺术体操、举重、曲棍球、马术、击剑、赛艇、拳击、射击、现代五项、帆船、篮球、皮划艇、自行车、足球、排球、射箭、手球、柔道、羽毛球、乒乓球、棒球、跆拳道、铁人三项、网球、垒球、沙滩排球、蹦床。

夏季奥运会概况

届次	举办时间	举办地点	参加国家和地区数	运动员数	竞赛单项数	项目
1	1896	雅典—希腊	13	311	9	43
2	1900	巴黎—法国	22	1 330(女 11)	18	60
3	1904	圣路易—美国	12	625(女 8)	17	86
4	1908	伦敦—英国	22	2 034(女 36)	22	109
5	1912	斯德哥尔摩—瑞典	28	2 547(女 57)	15	107
6	1916	柏林—德国	因战未举行			
7	1920	安特卫普—比利时	29	2 607(女 64)	23	166
8	1924	巴黎—法国	44	3 092(女 136)	19	133
9	1928	阿姆斯特丹—荷兰	46	3 014(女 290)	16	120
10	1932	洛杉矶—美国	37	1 333(女 127)	17	126
11	1936	柏林—德国	49	3 936(女 328)	21	144
12	1940		因战未举行			
13	1944		因战未举行			
14	1948	伦敦—英国	59	4 099(女 385)	18	136
15	1952	赫尔辛基—芬兰	69	4 925(女 518)	18	149
16	1956	墨尔本—澳大利亚	67	3 184(女 370)	17	151
17	1960	罗马—意大利	84	5 348(女 610)	18	150
18	1964	东京—日本	94	5 140(女 683)	19	163
19	1968	墨西哥城—墨西哥	112	5 531(女 781)	18	172
20	1972	慕尼黑—德国	121	7 147(女 1 070)	21	195
21	1976	蒙特利尔—加拿大	88	6 189(女 1 247)	21	198
22	1980	莫斯科—(前)苏联	81	5 872(女 1 274)	21	203
23	1984	洛杉矶—美国	140	7 616(女 1 719)	21	221
24	1988	汉城—韩国	160	9 581(女 2 476)	23	237
25	1992	巴塞罗那—西班牙	170	9 364(女 2 705)	25	257
26	1996	亚特兰大—美国	197	10 361(女 3 779)	26	271
27	2000	悉尼—澳大利亚	199	11 116(女 4 254)	28	300
28	2004	希腊—雅典	201	11 099	28	301

2.2.2 冬季运动会(Winter Sports)

冬季项目要求至少要在两大洲 25 个国家、地区广泛开展,女子项目至少要在两大洲 20 个国家广泛开展。项目有:现代冬季两项(滑雪、射击)、滑雪(高山、越野、跳台、自由式、滑降、回转)、冰球、滑冰(速度、花样滑冰、短道)、雪橇(有舵、无舵)、冰上舞蹈、冰上溜石。

冬季奥运会概况

届次	举办时间	举办地点	参加国家和地区数	运动员数	竞赛单项数	项目
1	1924	夏蒙尼—法国	16	293(女 13)	4	14
2	1928	圣莫里茨—瑞士	25	491(女 27)	4	14
3	1932	普莱西德湖—美国	17	307(女 21)	4	14
4	1936	加米施-帕腾基兴—德国	28	756(女 76)	4	17
5	1948	圣莫里茨—瑞士	28	713(女 77)	4	22
6	1952	奥斯陆—挪威	30	732(女 108)	4	22
7	1956	科蒂纳丹佩佐—意大利	33	924(女 146)	4	24
8	1960	斯阔谷—美国	31	665(女 144)	4	24
9	1964	因斯布鲁克—奥地利	37	1 111(女 197)	6	34
10	1968	格勒诺布尔—法国	37	1 158(女 202)	6	35
11	1972	札幌—日本	36	1 012(女 204)	6	35
12	1976	因斯布鲁克—奥地利	37	1 368(女 276)	6	37
13	1980	普莱西德湖—美国	38	1 283(女 271)	6	38
14	1984	萨拉热窝—南斯拉夫	49	1 483(女 308)	6	39
15	1988	卡格利—加拿大	58	1 445(女 317)	6	46
16	1992	阿尔贝维尔—法国	64	1 801(女 488)	6	57
17	1994	利勒哈默尔—挪威	67	1 937(女 521)	6	61
18	1998	长野—日本	72	2 177(女 851)	7	68
19	2002	盐湖城—美国	77	2 399(女 866)	7	78

2.3 竞技体育概述

运动是生命的源泉，竞技体育运动项目能浓缩、鲜明地表现自身运动的美，而休闲体育又能达到调节情感、愉快身心、满足审美的要求。在介绍体育运动项目时，将以竞技体育项目为主，人们在欣赏体育运动项目时，对动作动与静的观察，能享受其无穷的美感，对其技术中高、难、险、新的追求，给人以稳定、庄严、明快之感。而对技术、战术美的欣赏，加深对比赛整体感和立体感的认识。体育风格是复杂的社会活动在运动竞赛中特有的表现，可让人们一方面看到畏强欺弱、投机取巧、蛮横粗野的拙劣行为，使人对这种行为更加厌弃，另一方面为运动员拼搏、勇于进取的意志品质所感染。竞技体育是在全面发展身体，最大限度地挖掘和发挥人在体力、心理、智力等方面的基础上，以提高运动技术水平和创造优异运动成绩为目的的一种活动过程。当今世界竞技体育对运动员生物潜能的开发已日渐接近极限，因而借助于商业化和职业化的助力发展较快，但如若走向极端，再次出现类似造成千年古奥运衰亡的“过度”职业化和商业化的“旧病”，以及现今兴奋剂滥用等新问题，那么难免就会导致竞技体育被“重物轻人”的“异化”问题所困扰。未来竞技体育的可持续发展，必须重视充分开发运动员的智能潜力，有效地利用科学技术，更新场地和器材，以“育人夺标”为宗旨，培养新世纪所需要的复合型和创造型的运动人才，促进竞技体育健康、稳步、持续地发展。

2.3.1 竞技体育的概念

竞技体育在目前体育界一个比较通用的解释是：竞技体育是体育的重要组成部分，是以体育竞赛为主要特征，以创造优异运动成绩、夺取优胜为主要目标的社会体育活动。这在一定意义上基本揭示了形成竞技体育的三个动因：首先第一个是生物因素，人们为了更好地提高自身活动能力；第二个是个性心理因素，人的“取胜和对抗的本能”及“追求胜过对手”的动机；第三个是社会学因素，人们逐渐认识到竞技体育在教育、审美等方面的功能。综上所述，竞技体育是指在最大限度地挖掘和发挥个人或集体在体能、心理、智力等方面潜力的基础上，达到提高竞技能力水平，创造优异运动成绩的目的的一种社会活动过程。

人在体力、心理、智力等方面蕴藏着巨大的潜力，而这正是创造优异运动成绩的基本所在。只有通过科学的训练，使人们将这方面的潜力充分挖掘出来，并使之得到充分发挥，才能创造优异的运动成绩。

国际竞技体育比赛的频繁举行和科学技术及人类体能、素质的提高和发展，促使世界体育运动技术的不断提高。每一分、每一秒、每一千克、每一厘米的提高，都包含着众多运动员和教练员的长期努力，凝聚着科学技术的发展和应用。许多项目经过数年后才能出现一个新记录，有些项目则需要改变计算方法才能计算新成绩。

2.3.2 竞技体育的特性

1. 公平竞争性

通过公平竞争决定个人或集体间的胜负，没有竞赛就不能称之为竞技体育。它是竞争者在同等条件下严格按照一定的规则进行竞技比赛。竞赛有规定的时间、空间范围和场地器材以及参加者，使竞技运动中每个项目的竞赛能在公平的条件下进行。

2. 技术与身体能力的高度表现性

每一个运动项目的参加者，若想在竞赛中创造优异的成绩，都必须表现出超人的体力与娴熟的技术。

3. 国际性

随着竞技体育项目的不断增加以及参加的国家、地区和人数的增多，竞技体育比赛越来越具有国际规模。运动员取得的运动成绩，必须在特定的场合，按照国际运动竞赛规则的要求和在裁判确认的情况下，才能被国际社会承认。随着国际社会对各个运动项目需求的变化，必须对一些运动项目的规则、裁判方法和技术、战术进行修改。

4. 公开性

竞技比赛不是封闭的，而是在开放的场合进行。因而，运动员的技术、行为、品格常常受到公众的评论。除此之外，新的技术、战术、训练理论与方法、器械设备等的保密期较短，新事物很快被广泛掌握运用。

5. 协同性

当今的竞技体育是运动员综合素质的较量，绝不是单一的运动素质的比较。协同性不仅表现为运动员在比赛中的配合行动，而且也表现在训练中教练员与运动员的相互支持与协作，以及运动队内角色之间的配合、运动项目的设置、体育资源的配备、训练计划的设计和竞赛活动的安排等，最终还要接受市场的考验。

6. 发展性

激烈的竞争机制使竞技体育的技术、战术不断创新，训练方法、手段不断更新，运动员综合素质水平不断优化与完善，运动测试手段日益创新，体育场地、器材设备等不断向科学化、现代化方向发展。

2.3.3 竞技体育与人类社会的关系

竞技体育对人类社会的影响是超出人们的想像的。无论是古代奥运会，还是现代奥运会，她已经成为人类历史上一个宏大的社会文化现象，在社会的经济、政治、教育、道德伦理、哲学、美学、新闻媒体、家庭、宗教等重要领域产生广泛而深远的影响，为人类社会的和平与进步做出了巨大的贡献。

1. 竞技体育与家庭

体育运动与家庭紧密相关。例如观看电视体育赛事有时就会扰乱家庭生活，有时又为整个家庭提供一个关注的焦点。在体育赛事期间或谈论这些体育活动的时候，家庭成员之间的关系有时会得到调节和发展。

2. 竞技体育与经济

大多数国家，尤其是富裕的工业化国家，其比赛门票、运动设备、参加费用、运动员俱乐部资格费用，以及押在钟爱的运动员及运动队身上的赌注，每年都有10亿美元，从而影响到国家经济。许多地区的经济还受到当地主要球队表现的影响。许多运动员从各种工资、出场费和广告收入中积累了大笔的财富。运动场、体育馆和运动队现在都以公司的名字来命名，取代了人名或根据当地文化和历史而起的名字。与体育运动相联系的赞助如此有效，以至于若没有可口可乐、麦当劳、耐克及其他的跨国公司，体育运动将不复存在。

3. 竞技体育与媒体

电视网和有线电视台，经常以数以亿计的美元购得大型运动会和比赛的电视转播权。例如，美国的NBC为2004年、2008年夏季奥运会及2006年冬季奥运会支付了23亿美元，它还支付了12.7亿美元转播2000年悉尼奥运会和2002年盐湖城冬季奥运会。组织者非常明白，运动会的组织依赖观众，而观众没有媒体他们的生活将会不同。近十年来，在许多国家里，媒体已经把运动转变成一个主要的娱乐形式。卫星技术使某项独立比赛事件的图像和信息同时为数十亿人观看成为可能。在这一过程中，运动员成了全球性的娱乐明星。实力雄厚的大公司通过赞助这些媒体事件，把它们的商标也同时印在人们的头脑中，并促成了以产品消费为基础的生活方式。

4. 竞技体育与政治

在许多国家里，人们把竞技体育和国家荣誉感及民族认同感结合起来了。虽然人们经常抱怨竞技体育和政治混杂在一起，但是，大多数人会毫不犹豫地在运动场上挥舞国旗、高唱国歌，一些人还会对那些不像他们这样表现的运动员和观众做出迅速的反映。国际性的体育比赛已经成了政治冲突的温床。世界上大多数国家都利用体育运动来提高它们在国际关系中的地位。更进一步，运动本身还包含一些与政治过程相关的议题，比如，谁控制运动和比赛，入会资格和运动队的选择，规则与规则的改变、强化，制裁性管理等。

5. 竞技体育与教育

对世界上许多学生来讲，运动已经成为学校生活不可分割的一部分，虽然运动参与最经常出现在体育课上。在美国，中学拥有独立的校运动队，一些校队比学业计划更能吸引学生和社区居民的注意。它们的公共形象甚至可能因运动项目的声望而树立起来或受到严重的损害。

6. 竞技体育与宗教

竞技体育与宗教相关联。比如，在美国和加拿大，一些地方的教会和教会群体，都是运动队和联盟的最活跃的赞助者。他们知道，教区组织为了使他们的成员不致错过职业足球赛的开球，会修改其礼拜天的服务计划，甚至修改宗教服务活动。宗教仪式越来越多地和运动参与联系在一起。

2.3.4 竞技体育项目分类

现代国际竞技体育运动已进入了一个新的历史阶段。正式和非正式的国际比赛频繁举行，国际性和民族性的各类竞技体育项目的数量也不断增多。除了人们最为熟悉的奥运会、各大洲运动会、世界大学生运动会外，世界各地还涌现了许多新兴运动项目，这些项目经过加工、整理和再创造,不断地补充到竞技体育领域中来。

1. 测量类

此类项目在比赛中的成绩是通过测量速度、高度、远度、重量和数量来准确地加以评定。例如,田径、游泳、速度滑冰、自行车、划船、举重、射击等。

2. 评分类

此类项目在比赛中的成绩则要根据规则规定的标准进行评分来确定。例如,竞技体操、艺术体操、花样滑冰、跳水、武术等。

3. 命中类

此类项目是按比赛时命中目标的次数和准确度而决定成绩的。例如,篮球、足球、手球、水球、冰球、击剑等。

4. 制胜类

此类项目评定运动成绩的方法比较特殊,它既包含命中对方而得分,又包含制服对手而直接获胜的因素。例如,拳击、柔道、摔跤、象棋、围棋、桥牌等。

5. 得分类

此类项目是根据竞赛规则,以每局得分的多少而决定成绩的。例如,乒乓球、网球、排球等。

2.4 竞技体育项目欣赏介绍

2.4.1 球类运动(Boll Game)

1. 篮球(Basketball)

1) 定义:是以投篮为中心的一项对抗性的体育运动。

2) 起源:起源于美国,1891 年美国马萨诸塞州普林菲尔德基督教青年会训练学校教师奈史密斯,设计出一种不受天气限制的室内球类运动。把学生分成两队,分别向钉在两根柱子上的篮筐投掷球,由于投掷目标是篮筐,故名篮球。

3) 比赛:最初篮球比赛的上场人数、场地大小、比赛时间均无严格限制,只要人数相等就可比赛。1936 年男子篮球在第 11 届奥运会正式列为比赛项目,女子是 1976 年第 21 届奥运会才被列入正式比赛项目。

目前世界上篮球重大比赛有:

(1) 世界锦标赛;

(2) 奥运会;

（3）亚运会；

（4）中国 CBA；

（5）美国 NBA。

4）规则：

（1）违例主要有：

① 3 秒：某队控制球时，同队队员在对方限制区内停留超过 3 秒钟；

② 5 秒：掷界外球、罚球或持球队员被对方紧逼防守时，在 5 秒钟内没有传、投、运球；

③ 10 秒：一个队从后场控制活球开始，未在 10 秒内使球进入前场；

④ 24 秒：两个队在场上控制活球时，未在 24 秒内投篮出手；

⑤ 球回后场：控制球队的队员在前场将球传回后场；

⑥ 带球走：运球时在球离手前，不准提起中枢脚，投篮和传球时中枢脚可提起，但脚落地前球必须离手；

⑦ 两次运球：运球后停球在手，未经投篮或传球又再次运球。此外，故意用脚踢球等。出现违例时均由对方掷界外球。

（2）犯规主要有：

① 防守犯规：防守队员用手打或推、撞、拉、顶等动作影响进攻队员投篮；用推、拦、拉、挤等动作阻拦对方运球或抢球；防守无球队员时，用推、拉、挤等动作不让对方接球或抢球。

② 进攻犯规：进攻队员强行进攻而发生冲撞已占据正确位置的防守队员；进攻队员在跑动掩护时，由于掩护的距离和位置不当而发生冲撞；防守队员已占据正确的防守位置，进攻队员强行推、撞、挤开防守队员而接球或抢球。

③ 技术犯规：运动员或教练员对裁判员不礼貌，不服从裁判，擅自更改号码，故意抓篮圈或拖延时间妨碍比赛，以及教练员乱喊叫不听劝告，均可判技术犯规。场上队员犯规达 6 次均必须自动退出比赛。

正式比赛上场队员为 5 人。

5）场地器材：

场地：长 28 米，宽 15 米。篮板高 2.90 米。

球：球重 600～650 克，圆周 75～78 厘米。

2. 排球（Volleyball）

1）定义：是两队分立于中隔一网的场地上，以用手进行发球、垫球、传球、扣篮、拦网等动作过网决胜负组成进攻与防守的竞赛活动的球类运动。亦为体育器材名称。

2）起源：起源于美国，1895 年，美国马萨诸塞州霍利约克基督青年会的威廉·摩根想把网球运动移到室内开展，但由于当时室内场地面积不大，无法适应网球打法，就将网球所允许的球落地再回击，改为不许落地、用手击球，将体积小、速度快的网球，改为体积大、速度慢的篮球胆，并把球网挂在篮球场中线上空。

3）比赛：1964 年东京第 18 届奥运会列为正式项目。

目前世界上排球重大比赛有：

（1）世界锦标赛；

（2）奥运会；

（3）各洲际比赛。

4）规则：比赛实行位置轮转。比赛时先上场的 6 名运动员称为主力，后上场的运动员称为替补。每局允许替换 6 人次。比赛时双方各占半场，运动员分前后排站位。比赛从发球方后排右侧的运动员发球开始。一队取得发球权时，全队 6 名运动员即按顺时针方向轮转一个位置，然后发球。比赛中，球不能落地，球不能在手中停留，运动员不能触碰球网和越过中线，一人不得连续击球 2 次，每方最多只能 3 次击球（拦网不计）。违反上述规定即为犯规，由对方得发球权或得分。每胜 1 球可得 1 分。依据新规则，每个队可以选择登记一名专门防守的队员为“自由人”。自由人仅限于为后排队员参加比赛，不得发球、拦网、试图拦网。正规比赛采取 5 局 3 胜制。每局 25 分。决胜局为 15 分。

5）场地器材：

场地：长 18 米，宽 9 米。网高：男子 2.43 米，女子 2.24 米。

球：球重 260～280 克，圆周 65～67 厘米。球是用柔软皮革制成，内装橡皮或类似质料制成的球胆；球网长 9.50 米，宽 1 米，男子网高 2.43 米，女子网高 2.24 米。

3. 足球（Soccer(Football)）

1）定义：是以脚踢球，头顶动作传球、接球、带球、抢截球等动作为主的一种竞赛活动。

2）起源：足球起源于中国，在 3 500 年前的殷代就有了足球舞，以求神祈雨。至战国时期，足球已很盛行，称之为蹋鞠，蹴鞠等。公元前 206—公元 25 年西汉，足球成为一项竞赛性活动。现代足球运动始于英国 1863 年 10 月。

3）比赛：男、女足球分别于 1900 年第 2 届奥运会、1996 年第 26 届奥运会列为比赛项目。足球是当今世界开展最广泛、最具魅力的一项运动。

世界上重大足球赛事：

（1）英格兰联赛；

（2）意大利联赛；

（3）西班牙联赛；

（4）德国联赛；

（5）中国超级联赛；

（6）法国联赛；

(7) 世界杯；

(8) 奥运会；

(9) 各洲际比赛。

4) 规则：比赛时每队上场人数不得多于 11 人，其中 1 人为守门员。每场比赛 90 分钟，分上、下两个半时，每半时 45 分钟，中间休息 15 分钟。射门时，球的整体从两根门柱间及横木下越过球门线外沿的垂直面，即为胜 1 球。

5) 场地：

标准足球场：长 90～120 米，宽 45～90 米，场地中间有一条横穿球场的中线，中央有半径为 9.15 米的中圈。足球是用皮革制成，周长为 68～70 厘米，重 396～453 克。

国际比赛时的场地：长 100～110 米，宽 64～75 米，球门高 2.44 米，球门距 7.32 米。

球：球重在比赛开始时为 410～450 克，球的压力 0.6～1.1 个大气压。

4. 乒乓球(Table Tennis)

1) 定义：是规定球台两端两名或两对选手隔网相对，用球拍往来击球过网，以造成对方失误得分的隔网项目。

2) 起源：起源于 19 世纪末的英国，由草地网球发展到草球的演变过程。由网球派生而来的一项小型球类运动，亦为体育器材名称。英语原意是“桌上网球”，因击球时发出乒乓声响，中国称之为乒乓球。当时网球在室外，一旦遇到恶劣的天气就不能进行，于是通过网球运动的启示，在室内以餐桌作为球台，仿照网球拍的形式进行活动，以橡胶或软木作为球，用打网球方法进行活动。

3) 比赛：1988 年第 24 奥运会列为比赛项目。

目前世界上乒乓球重大比赛有：

(1) 世界锦标赛：每 2 年 1 届(团体和单项)，共举办了 45 届。2001 年将单项和团体分开举行，2003 年第 47 届，是单项比赛。2004 年是团体比赛。

团体——男子：思韦斯林杯；
　　　　女子：考比伦杯。

单打——男子：圣·勃莱德杯；
　　　　女子：吉·盖斯特杯。

双打——男子：伊朗杯；
　　　　女子：波普杯；

混双——兹·赫杜塞克杯。

(2) 世界杯：1980 年 8 月开始举办，男子单打，每年 1 届，1990 年增设团体双打赛。1996 年 9 月增设女子单打，每年 1 届。

(3) 奥运会：在 1984 年将乒乓球列入比赛项目，设有男子单打、双打，女子单打、双打 4 块金牌。

(4) 各洲际比赛。

4) 规则:第41届世界乒乓球锦标赛决赛采用了5场3胜制,甲级24个队分4组,在循环后各组的前两名和挑战赛的胜队(乙级前4名的4个队)用淘汰制产生冠军。

通常一场比赛采用5局3胜制或3局2胜制。一局比赛中,双方共获2分后交换发球权,直至该局比赛结束。当双方比分为10平时,实行轮换发球法,每得1分后即交换发球权,直至一方连得2分时,该局比赛结束。在一局比赛中先得11分的一方为胜方。比分为10平后,先多得2分的一方为胜方。

新一局开始,双方交换方位。上一局开始时的发球方在下一局开始时为接发球方。决胜局中,当一方先得5分时,双方交换方位。如发现发球、接发球次序和方位有错误时,应立即中断比赛并纠正,发现错误前得分均有效。

发球时,球应该放在不持球拍并伸平的手掌中,抛球前手掌应静止并高于台面;垂直抛球时不得使球旋转,并不低于手掌16厘米;从抛球至击球时,不得以身体任何部位遮挡击球动作,必须让对方及裁判员看清发球动作,当球从最高点下降时才能击球;击球点应在台面端线及延长线之后;击球后,球应先触及发球方台面再落至对方台面。

5) 场地器材:

(1) 场地:球台长2.74米,高0.76米,宽1.525米。球网高0.1525米,长1.83米。中间一个垂直的球网将台面划分为两个大小相等的台区。场地长14米,宽7米,高4米。

(2) 球:球重2.8克,直径40毫米。原先球重2.5克,直径38毫米。2000年10月1日开始,乒乓球的直径40毫米,球体加大后降低了球的旋转速度,提高了项目的观赏性。

(3) 球拍:球拍底板至少85%是天然木材,每层粘合层不超过底板总厚度7.5%或为0.35毫米。拍面颗粒状不得超过2毫米。

5. 网球(Tennis)

1) 定义:在规定场地上,两名或两对球员隔网相对,用球拍击球过网以造成对方失误得分的运动。双方隔网,以编网球拍拍击橡胶球比赛的球类运动。亦为体育器材名称。

2) 起源:起源于12至13世纪法国传教士在教堂回廊里用手掌击球的一种游戏。方法是在两人间横拉一根绳子,用布裹着毛发缝制的球,用手掌隔绳拍来打去,并流入宫廷。到15世纪就不用手,而改用木板的球拍击球,以网代绳相隔。16世纪初流传到民间,17世纪初拍子改为穿线的网拍,使之富有弹性并轻巧方便。英语网球Tennis是从古法语"Tenez"一词引来的。

3) 比赛:1877年7月举办了全英草地网球男子单打锦标赛,即现今最负盛名的温布尔顿网球赛第1届。1884年,增设了女子比赛。1896年,雅典第1届奥运会,男子网球单打和双打被列为正式比赛项目。1900 年第 2 届奥运会女子网球才开始被列为比赛项目。网球比赛分为男女团体、男女单打、男女双打、混合双打 7 个项目。奥运会只设男女单打和男女双打 4 个项目。

重要的网球国际比赛有：

(1) 英国温布尔顿网球锦标赛；

(2) 美国网球公开锦标赛；

(3) 澳大利亚网球锦标赛；

(4) 法国网球公开锦标赛；

(5) 奥运会；

(6) 各洲际比赛。

4) 规则：现代网球使用的器材、服装及比赛规则等形成于 19 世纪。网球比赛时，发球方先在右半场端线后发球，每 1 分有两次发球机会，第 1 次发球出界或落网称 1 次失误，第 2 次再失误叫双误，失 1 分。第 2 分换在左半场端线后发球，第 3 分又回到右半场，如此轮换，直至该局终止。下一局改对方发球。先胜 4 分者为胜 1 局。双方各得 3 分时称"平分"，之后净胜 2 分才胜该局。胜 6 局为胜 1 盘。若双方各胜 5 局，一方须净胜 2 局为胜该盘。男子单打、双打采用 5 盘 3 胜或 3 盘 2 胜制；女子单打、双打和混合双打采用 3 盘 2 胜制。网球比赛的叫分方法是胜 1 分叫"15"，胜 2 分叫"30"，3 分叫"40"。双方得 40 叫"平分"。为控制比赛时间，常用平局决胜制，即比赛局数 6 平时，以再净胜 2 分者为胜。但 3 盘两胜制的第 3 盘和 5 盘 3 胜制的第 5 盘不得使用平局决胜制。

5) 场地器材：

(1) 场地：地面可为草地、硬地、泥沙地或用沥青涂塑等材料制成。单打：长 23.77 米，宽 8.23 米。双打：长 23.77 米，宽 10.97 米。球网长 10.06 米，高 1.07 米。用球网将全场横隔为二等区。

(2) 球：球呈白色或黄色，外表毛质均匀，无缝线，直径为 6.35～6.67 厘米，重量 56.7～58.5 克，其弹力从 2.44 米的高度自由落下时，能在混凝土地面上弹起 1.35～1.47 米。

(3) 球拍：为长柄的椭圆形框子，框上用羊肠线、牛筋线或尼龙线穿织成拍面。拍框有木制、金属制或石墨制。球拍框和球拍柄的总长不得超过81.28厘米，总宽度不得超过 31.75 厘米。

6. 羽毛球(Badminton)

1) 定义：在规定的场地上，两名或两对球员隔网相对，用球拍往返拍击一个由软木托插上羽毛的小球，以球触对方场区或使对方击球失误得分(或得发球权)的运动项目。

2) 起源：相传最早出现于 14～15 世纪的日本。现代羽毛球起源于印度，形成于英国。19 世纪 60 年代，退役的英国军官从印度孟买带回英国一种类似羽毛球运动的游戏，名为“普那”(Poona)。1873年英国博福特公爵在巴德明顿村(格洛斯特郡)的庄园宴请宾客，从印度回来的英国军官作了“普那”表演。从此，“巴德明顿游戏”(Game of Badminton)在英国开始流传，这种游戏就是羽毛球运动的雏形。后人将这项运动以博福特的庄园“巴德明顿”命名，至今作为国际上通用羽毛球的英文名称。

3) 比赛：1893年英国举办了首届全英羽毛球锦标赛。1948—1949年度举办了第1届汤姆斯杯赛(国际男子羽毛球团体锦标赛)，1956—1957年度举办了第1届尤伯杯赛(国际女子羽毛球团体锦标赛)。1977年组织了第1届世界羽毛球锦标赛。羽毛球比赛分男女团体、男女单打、男女双打和混合双打7个项目。奥运会只设男女单打、男女双打4个项目。1988年第24届奥运会将其列为表演项目，1992年第25届奥运会列为正式比赛项目。

目前世界上羽毛球重大比赛有：

(1) 汤姆斯杯赛；

(2) 尤伯杯赛；

(3) 世界杯赛；

(4) 全英锦标赛；

(5) 世界羽毛球锦标赛；

(6) 奥运会；

(7) 各洲际比赛。

4) 规则：

(1) 运动员把球击落到对方的场地上，球托压线算好球，羽毛压线算出界。

(2) 发球时，球触网后落在对方指定场区内是好球，落在球网与发球线之间算失误；在对打中触网后落到对方场区的球，都是好球。

(3) 发球的队员在发球时任何一只脚都不得离开场地或移动，否则算犯规。

(4) 击球时，球拍随球过网是允许的，如球未过网就挥拍过网击球算犯规。

(5) 比赛采用5局3胜制，每局7分。

开始发球时，发球员和接发球员都必须站在斜对角发球区内发球和接发球，脚不能触及发球区内的界线。两脚必须都有一部分与地面接触，不得移动，直至将球发出。发球员的球拍必须先击中球托，与此同时整个球要低于发球员的腰部。击球瞬间，球拍杆应指向下方，使拍框明显低于发球员的整个握拍手部。

发球开始后，发球员的球拍必须连续向前挥动，直至将球发出。发出的球必须向上飞行过网，如果不受拦截，应落入接发球员的发球区内。一旦双方运动员站好位置，发球员的球拍头第1次向前挥动，即为发球开始。发球员须在接发球员准备好后才能发球，如果接发球员已试图接发球，则被认为已做好准备。一旦发球开始，球被发球员的球拍触及或落地即为发球结束。

单打发球:发球员分数为0或双数时,双方运动员均应站在各自的右发球区发球或接发球。发球员的分数为单数时,双方运动员均应站在各自的左发球区发球或接发球。球发出后,由发球员和接发球员交替对击,直至“违例”或“死球”。接发球违例或因球触击接发球员及接发球员场区内的地面而成为“死球”,发球员得1分。随后,发球员再从另一发球区发球。发球员违例或因球触击发球员场区内的地面而成为“死球”,发球员即失去发球权。随后,接发球员成了发球员,双方均不得分。

双打发球:则由站在右发球区的发球队员从右发球区发出。每局比赛首先发球的一方只有1次发球权,以后双方每一轮发球都有2次发球机会。只有在发球得分以后,才会交换发球方位。接发球方则一直保持原来方位。

5)场地器材:

(1)球台:单打:长13.4米,宽5.18米。双打:长13.4米,宽6.10米。

(2)球:球重4.74~5.50克,16根羽毛插在半球形软木托上,球网中央网高1.524米,双打边线处高1.55米,球网宽6.10米。

7. 手球(Handball)

1)定义:在规定场地内,通过集体配合,用手射球入门得分的对抗性运动项目。

2)起源:现代手球运动起源于欧洲。1917年德国柏林一名叫马克思·海恩的体育教师,从男孩踢足球的追逐中得到启示,发明了一种不能互相冲撞,适合姑娘们的手球游戏。19世纪末,捷克斯洛伐克、德国、丹麦等国出现类似手球的游戏,1890年左右德国体育教师G.考茨开始有组织地开展手球运动,上场运动员为11人,称11人制手球。1898年丹麦的体育教师H.尼鲁森在11人制手球的基础上创始7人制手球运动。1906年丹麦出版了尼鲁森制定的比赛规则,许多开展手球运动的国家都尊称尼鲁森为“手球之父”。1926年德国发起举行了首次11人制的国际手球比赛。1936年第11届奥运会将男子11人制手球列为比赛项目。从20世纪50年代开始,7人制手球在世界各地开展起来,逐步取代11人制手球。男子7人制手球从1972年第20届奥运会开始,女子7人制手球从1976年第21届奥运会开始列为奥运会项目。

3)比赛:1936年第11届奥运会男子11人制手球被列入比赛项目。女子手球1976年第21届奥运会被列为比赛项目。第20届奥运会在1972年改为7人制。

目前世界上手球重大比赛有:

(1)奥运会;

(2)世界锦标赛;

(3)各洲际比赛。

4)规则:比赛时,两队各上场7名运动员,其中包括1名守门员,比赛分上、下两个半时,每半时30分钟,中间休息10分钟。比赛由一方在球场中心开球,然后运用传接球和运球等技术、战术,在集体配合下,在对方球区外将球射入对方球门内。进球后由失球方在球场中心重新开球继续比赛。进 1 球得 1 分，以射入对方球多者获胜，如两队得分相等，而又必须决出胜负，应进行决胜期的比赛。决胜期比赛时间是两个 5 分钟，中间不休息只交换场地，如仍相等则应互罚 7 米球决出胜负。

比赛中允许队员用手、臂、头、躯干、大腿或膝部去接触球。但是如用膝部以下部位触球则算违例。队员持球不得超过 3 秒，持球走不得超过 3 步（手球中没有中枢脚的概念），不得 2 次运球。

5）场地器材：

（1）场地：长 40 米，宽 20 米；场地中间有一条中线把场地分成两个相等的半场，两端中间各设置一个宽 3 米、高 2 米的球门，球门前面有扇形的球门区。距球门 6 米处有一条弧线，线内为球门区。

（2）球重：男子 425～475 克，周长 58～60 厘米；女子 325～400 克，周长 54～56 厘米。

8. 棒球（Baseball）

1）定义：以球、棒、手套等为工具，在直角扇形场地上，用棒击球后跑垒得分的对抗性运动。

2）起源：源于 15 世纪流行于英国的板桨球，后随移民传到美国，又流行于新英格兰的 13 个州。经多年演变、发展，在 1839 年纽约州的古柏思镇派生成现代棒球。1839 年由美国陆军军官阿布尔·道布尔迪（Abner Doubleday）在纽约的古柏思镇举办首次棒球比赛，1845 年亚历山大·卡特赖特（Alexander Cartwright）制定第一部棒球竞赛规则。1860 年成立全美棒球联合会，后逐渐传入欧亚部分国家。1938 年成立世界业余棒球协会（后改称国际棒球协会），同年在英国伦敦首次举行世界业余棒球锦标赛。

3）比赛：1992 年被列为奥运会比赛项目。

（1）奥运会；

（2）世界锦标赛，2 年/届（偶数年举行）；

（3）洲际杯赛每年举行；

（4）世界少年锦标赛，2 年/届（偶数年举行）。

4）规则：

（1）队员：比赛分两队，两队轮流攻守，每队 9 人。

（2）守方：守方队员按其职责和位置分别称投手、接手、一垒手、二垒手、三垒手、游击手、外场手、击球员、跑垒员。守方截接攻方击出的球后，可持球碰触跑垒员或持球踏垒封杀跑垒员使之出局。

（3）攻方：攻方队员按预定顺序依次上场击球的队员称击球员，攻方队员在本垒用棒击守方投手来的球并能依次踏过一垒、二垒、三垒，最后安全返回本垒者即得 1 分。攻方 3 人被杀出局则双方互换攻守。

两队各攻守1次为1局，正式比赛需满9局，积分多者获胜，守方投手投出的球位于击球员自然站立时膝上至腋下的立体空间区域称为“好球”，超出这一区域则称“坏球”，投手投球时如击球员未击中投手投出的3个好球，则击球员出局，但若投手投出4个坏球或投球击中击球员，则击球员安全进入一垒。当击球员击出界内球时即成击跑员，必须向一垒跑进，安全到垒后成为跑垒员，跑垒员应按一垒、二垒、三垒、本垒顺序跑垒，反向跑垒、有意阻挡、妨碍守垒员接球或传球均判罚出局。

投球时必须踏在投手板上。球以橡皮或软木作球心，外用白色马皮或牛皮与球心缝合制成。球棒为圆柱形，用木头、金属或玻璃纤维制成握柄，柄端较细，球捧最长为1.07米。

5）场地器材：

（1）场地：呈直角扇形，分内场和外场两个部分，4角各设1个垒位，扇形尖角处的垒位为本垒，其他垒位依逆时针方向分别为一垒、二垒、三垒，内场中心是投球点，装有一木制或橡皮制的投手板。两条直线一条边线长76.2米（外场），另一条边线长27.43米（内场）。

（2）球：周长22.9～23.5厘米；球重141.7～148.8克。

（3）球棒：长不能超过107厘米，最粗直径7厘米。

9. 垒球（Softball）

1）定义：在扇形场地上，用棒击球后跑垒得分的对抗性运动项目。

2）起源：脱胎于棒球。现代垒球源于美国，比棒球晚40多年。1839年感恩节，芝加哥的一个赛船会会员聚会，有人来迟，一些人等得不耐烦，互相投掷拳击手套做游戏，有一人请另一人向他投来手套，他随即抡动扫帚将手套挥击而去，在场的一位医生受到启发。后来在1888年美国芝加哥法拉格特俱乐部的乔治·汉考克首先在室内进行棒球练习。1895年美国明尼苏达州明尼阿波利斯的消防队员罗伯特对棒球运动的场地、器材等作了部分修改，使其适合室内运动，取名“室内棒球”，后又将“室内棒球”移至室外进行，因球体比棒球大而软，深受女子喜爱，故称“软球”、“女孩球”，1926年全美娱乐活动大会沃尔特·哈康森提出定名“softball”的建议被采纳。1933年美国垒球协会成立，正式确认该名，后流行世界各国，垒球与棒球相比，除场地比较小，垒间距离及投手与本垒间距离短，球体大而软，棒短而细外，其他方面基本相同。1965年开始举办世界女子垒球锦标赛，1966年开始举办世界男子垒球锦标赛。

3）比赛：

（1）世界成年人男女锦标赛，4年/届；

（2）世界少年男女锦标赛，4年/届；

（3）奥运会；

（4）各洲际比赛。

4）场地器材：

（1）场地：呈直角扇形，其尖角为本垒，并以 18.29 米的距离按逆时针方向称“一垒”、“二垒”和“三垒”。向正方形的其他三个角上分别放一个四方形的帆布垒包，这四个垒之间连接成的正方形场地就称作“内场”。以本垒尖角为圆心，在扇形外场内以 60.96 米（女子）或 68.56 米（男子）为半径，画一弧线，称为“本垒打线”。扇形以内，内场以外为外场，内场和外场构成界内地区，为垒球比赛攻守活动的主要场所，其余为界外地区。比赛时，双方应各有 9 名队员上场比赛。

（2）边线：男 68.56 米，女 60.96 米。

（3）球：球周长 30～31 厘米，球重 180～200 克，球缝合数 88 针。

（4）球棒：长 86.36 厘米，直径 5.72 厘米，重 1 077.3 克。

10. 曲棍球（Hockey）

1）定义：在规定草地上，用带有弯头的曲棍控制球，通过集体配合射球入门得分的对抗性小型球类活动。亦为体育器材名称。

2）起源：曲棍球历史悠久，2 000 年前，在古埃及的墓葬和建筑物浮雕上均发现过类似曲棍球的图像，并出现了曲棍球竞赛。中国古代也有关于类似曲棍球活动的记载，唐代称“步打球”，北宋称“步击”。现代曲棍球始于英国。19 世纪下半叶起源于英国，1861 年英国出现第一个曲棍球俱乐部，这是世界上最早的曲棍球组织，1875 年成立第一个曲棍球协会，并在伦敦的一次会议上制定了比赛规则。1883 年温布尔顿曲棍球俱乐部为比赛明确了场地区界，1895 年在英国首次举行男子曲棍球赛，此后曲棍球运动逐渐传入印度等英联邦国家。1924 年国际曲棍球联合会成立，1927 年又在伦敦成立国际女子曲棍球联合会，两个国际组织各自举办世界锦标赛，直至 1975 年才在国际奥委会的协调下统一起来。

3）比赛：1908 年第 4 届奥运会、1980 年第 22 届奥运会开始曲棍球列入比赛项目。

（1）奥运会；

（2）世界杯，2 年/届；

（3）各洲际比赛。

4）规则：比赛时两队各 11 人上场，分别担任守门员、前锋、前卫、运动员。每人手执球棍，运用传接球、运控球、抢截球及射门等技术，互相配合进行攻守。全场比赛 70 分钟，分上、下两个半时，每半时 35 分钟，中间休息 5～10 分钟，进 1 球得 1 分，得分多者为胜。

5）场地器材：

（1）场地：曲棍球比赛在草地上进行，球场长 91.4 米，宽 55 米；两端的中间各设一个球门，球门高 2.14 米，宽 3.66 米。球周长 22.4～23.5 厘米，重 156～163 克。

（2）器材：球棍由棍头和棍柄组成，棍头用坚硬的桑木制作，棍柄由数层竹和藤粘合而成，有一定弹性。球棍重 340～794 克，曲棍长 80～95 厘米。

11. 沙滩排球(Beach Volleyball)

1) 定义:在海滩上竖起两根木桩,拉一绳网打排球,也是排球项目之一。

2) 起源:1920 年起源于美国加利福尼亚的 Santa Monica,1927 年开始传入欧洲,在巴西、意大利、澳大利亚、墨西哥、法国等国家流行,在当时是法国“裸体主义者”的活动项目之一,20 世纪 70 年代逐渐在日本等亚洲国家以及地中海沿岸国家广泛开展。

3) 比赛:1976 年美国在加利福尼亚的帕里塞得斯海滩举行世界沙滩排球史上的首次正式比赛,1979 年出现职业沙滩排球赛,1987 年全美职业沙滩排球赛协会成立,同年在巴西举行首届世界沙滩排球锦标赛。1996 年第 26 届奥运会开始将其列为比赛项目。

目前的主要赛事:

(1) 奥运会;

(2) 世界杯;

(3) 世界巡回赛。

4) 规则:比赛由两队参加,每队 2 名运动员,必须赤足参赛。每队可击球 3 次,将球击回对方场区,一名运动员不得连续击球 2 次,只有发球方可得分(决胜局除外),接发球方胜 1 球时,获发球权(决胜局则得分),运动员必须轮流发球,每场比赛可采用 1 局制,胜 1 局即胜 1 场,也可采用 3 局 2 胜制,胜 2 局即胜 1 场。1 局制比赛以先得 15 分并同时超过对方 2 分为胜,当比分 14 比 14 时要继续比赛至领先 2 分,如 16 比 14 或 17 比 15 才能取胜,但最高分限 17 分,当比分 16 比 16 时,先得 17 分的队为胜,采用 3 局 2 胜制时,前 2 局以先得 12 分的队为胜,当比分 11 比 11 时,以领先得 12 分的队为胜,当前 2 局 1 比 1 时第 3 局采用每球得分制,以先得 12 分,同时至少超过对方 2 分为胜,但当比分 11 比 11 时,比赛必须继续进行直至领先 2 分才能获胜,没有最高分限。

5) 场地器材:

(1) 场地:长 18 米,宽 9 米,必须由至少 40 厘米厚的细颗粒沙铺成;

(2) 球网:长 9.50 米,宽 1 米,男子网高 2.43 米,女子网高 2.24 米;

(3) 球:可用浅黄色或其他颜色,重 260~280 克。

12. 橄榄球(Rugby)

1) 定义:因比赛用球形似橄榄而得名。

2) 起源:英式橄榄球始于 19 世纪 20 年代,盛行于英联邦各国。美式橄榄球始于 19 世纪 80 年代,盛行于美国。

3) 规则:比赛分两队在橄榄球场上进行,球可以用脚踢、手传,也可以抱住奔跑。有英式和美式两种,规则和记分方法也有所不同。

(1) 英式:每队 15 人,后卫 7 人,前锋 8 人,无候补队员。队员受伤也无替补。比赛分两半时,每半场 40 分钟,中间休息 20 分钟。比赛时,运动员要戴头盔。带球越过对方球门

线并置球于地面上，得4分；再踢任意球越过对方球门横木，增2分；其他情况下踢球越过对方横木均得2分。以得分多者为胜。

（2）美式：每队11人，后卫4人，前锋7人，有候补队员。比赛分4节，每节15分钟，第一、二节之间与第三、第四节之间，各休息2分钟，第二、三节之间休息20分钟。比赛时，运动员除了戴头盔外，还要戴其他护具。带球至对方球门前的得分区触地得6分；再踢定位球越过对方球门横木，增1分；其他情况射门均得3分；持球队员被守方挤出端线，守方得2分。当带球队员4次被对方摔倒而未能前进10码，改由对方并列开球。

2.4.2 水上运动

定义：依靠身体各肢体动作或借助其他器材在水上进行各种体育活动。

1. 游泳(Swimming)

1）定义：是一项人体在水中这个特定环境下进行的运动，游泳者依靠两臂和腿部动作产生推进力，将人体在水中推向前进。

2）起源：远古时代，人类为适应生存环境，常和水打交道，逐渐学会游泳。中国春秋时代就有泅水活动，利比亚史前岩画也有游泳姿势的描绘。

3）比赛：男女游泳分别于1896年第1届奥运会、1912年第5届奥运会列为比赛项目。2000年第27届奥运会设有自由泳、仰泳、蛙泳、蝶泳、个人混合泳、接力游泳等32项(男子16项、女子16项)，是奥运会仅次于田径运动的第二个金牌大户。

比赛项目：

男子：50米、100米、200米、400米、1500米自由泳；100米、200米蛙泳；100米、200米仰泳；100米、200米蝶泳；200米、400米混合泳；4×100米混合泳接力；4×100米、4×200米自由泳接力。

女子：50米、100米、200米、400米、800米自由泳；100米、200米蛙泳；100米、200米仰泳；100米、200米蝶泳；200米、400米混合泳；4×100米混合泳接力；4×100米、4×200米自由泳接力。

4）规则：

（1）自由泳(Freestyle Swimming)：游泳项目之一。自由泳是目前世界上游得最快、最省力的一种姿势，游进时，人体俯卧水中，头肩稍高于水面，躯干绕身体纵轴适当左右滚动、双臂轮流划水和两腿上下交替打水。采用短距离是4次打腿，长距离是2次打腿成绩较好。

男女自由泳分别于1896年第1届奥运会、1912年第5届奥运会开始列为比赛项目。自由泳在奥运会游泳比赛中占有非常重要的地位。奥运会自由泳有13个项目，占全部游泳项目的1/3，而且混合泳和混合接力中也包括自由泳，因此，自由泳往往被看作是衡量一个国家游泳水平的标志。

(2) 蛙泳(Breast Stroke)：游泳项目之一。它是4种泳姿中技术性最强的泳姿之一。直译为胸泳或俯泳，日本称平泳。因泳姿酷似青蛙在水中游进，故中国人称为蛙泳。

蛙泳是一种古老的泳式。据资料记载，早在2 000—4 000年前的中国、罗马、古埃及就有类似的这种泳式。1875年8月24日英国的韦布采用蛙泳姿势横渡英吉利海峡，历时21小时45分。

1904年第3届奥运会开始列为比赛项目。19世纪初，蛙泳是第一种在游泳比赛中被采用的姿势。但由于蛙泳速度慢，在比赛中相继又出现了侧泳、爬泳，采用蛙泳的人越来越少。直到1904年第3届奥运会时才把蛙泳与其他姿势分开。1924—1936年期间，蛙泳技术的重要变化是划水动作结束后，两手臂由原来的水中前移，改为空中移手臂，但仍采用蛙泳蹬夹腿的动作，结果出现了蛙泳的变形——蝶泳。1936年国际业余游泳联合会允许在蛙泳比赛中采用蝶泳技术，于是蝶泳取代了蛙泳。在1948年第14届奥运会中，200米蛙泳决赛只有一人采用蛙泳，而在1952年第15届奥运会的蛙泳比赛，所有运动员都采用蝶泳。于是国际业余游泳联合会决定将蝶泳从蛙泳项目中分出来。20世纪50年代初允许蛙泳在水中潜泳。由于水下游进不受波浪阻力的影响，速度比水面蛙泳快。于是在1956年第16届奥运会上，几乎所有蛙泳运动员都以长划臂的潜水蛙泳参加比赛。日本运动员古川胜以2′34″7的成绩创造200米蛙泳世界纪录。

(3) 仰泳(Backstroke)：游泳项目之一。起源于水上拖带、搬运等活动，其发展过程与蛙泳和自由泳有关。它包括反蛙泳和爬式仰泳。仰泳时，身体几乎水平仰卧在水中，胸部自然伸展与腹部成一直线，头部埋入水中，仅脸部露出水面。游进时，头部始终保持平直，两臂轮流从头后经身体侧面划水，一手臂入水时，另一手臂出水，腿臂动作的配合通常是两臂划水1次，腿上下打水6次。

男女仰泳分别于1900年第2届奥运会和1924年第8届奥运会开始列为比赛项目。

反蛙泳是最早出现的一种仰泳，动作近似蛙泳，而身体姿势相反，即人体仰卧水面，两臂从头后经体侧向后划水。最初几届奥运会上的仰泳比赛都是采用反蛙泳姿势。1912年第5届奥运会美国运动员则采用两臂轮流划水、两腿上下打水的技术获得100米仰泳金牌，显示了爬式仰泳技术的优越性，反蛙泳逐渐被淘汰。

(4) 蝶泳(Butterfly Stroke)：游泳项目之一。从蛙泳发展而来，是4种竞技游泳姿势中发展最晚的项目。1956年第16届奥运会开始列为比赛项目，因动作状似蝴蝶，故称为蝶泳。1935年成为独立的比赛项目。

奥运会比赛有男子100米、200米和女子100米、200米4个项目。蝶泳时，身体俯卧在水中，依靠两臂强有力的划水和腿的波浪形打水推动身体前进。

10余年来，蝶泳技术都是两臂同时划1次，打水2次。这种游泳方法以1972年第20届奥运会100米、200米蝶泳世界纪录创造者施皮茨的技术为代表。

(5) 接力泳(Relay Swimming)：游泳项目之一，包括自由泳接力和混合泳接力，分别于1904年第3届奥运会、1960年第17届奥运会开始列为比赛项目。

接力游泳属集体比赛项目。每队4人参赛，以各队总成绩决定名次。

自由泳接力比赛时4名运动员均必须用自由泳姿势游完全部赛程的1/4距离。自由泳接力要求相当高的集体实力。

混合泳接力按仰泳、蛙泳、蝶泳、自由泳顺序，每人用1种姿势游完全部赛程的1/4距离。混合泳接力则要求4种姿势都要有高水平的运动员。前一运动员游完规定距离并按规则要求触池壁时，后一运动员方可从出发台出发，如出发过早须返回重新触池壁，否则判处犯规。一人犯规即为全队犯规，取消比赛资格。

接力赛中第1个运动员的成绩可以单独承认。因此一般都把成绩最好的运动员安排在第1个，以增加创造优异成绩的机会。同时把实力最强的运动员排在最后，以利冲刺。接力游泳是一项竞争极为激烈的比赛项目。通过游泳接力赛可以判断一个国家的游泳水平和实力。

比赛顺序：跳水(除仰泳外)——出发——转身——触壁。

5) 场地器材：

正式比赛游泳池长50米，宽21米，水深1.80米以上，池端装有电动计时器，池内设8条泳道，9条分道线，每道宽2.5米，分道线直径为0.05～0.11米，在泳池两端拉直，水温24℃～26℃，使用防雾灯照明。出发台前缘应高出水面0.5～0.75米，台面积为0.5米×0.5米，台面向前倾斜不超过10°。

2. 跳水(Diving)

1) 定义：从高处起跳，在空中完成各种复杂的技术动作，以入水为结果的运动项目。

2) 起源：起源于游泳运动的发展过程。5世纪时，古希腊陶瓶上已有一群男孩头朝下跳水的描绘。17世纪，在斯堪的纳维亚半岛、地中海、红海沿岸一带的港口，盛行从岸上、桅杆上跳入水中的活动。现代跳水运动始于20世纪，1900年瑞典运动员在第2届奥运会上表演了跳水，1904年成为奥运会比赛项目。1908年制定规则，1912年女子跳水被列入奥运会的比赛项目。

3) 比赛：

(1) 奥运会；

(2) 各洲际比赛；

(3) 世界花样游泳锦标赛。

4) 规则:根据起跳动作的方向和结构,可分为向前、向后、向内、反身、转体5组。每组均有规定动作和自选动作,每个动作又有不同的难度系数。根据跳水空中姿势,可以分为A(直体)、B(屈体)、C(抱膝)、D(翻腾兼转体)4种。有跳台跳水和跳板跳水之分。比赛分规定动作和自选动作。

项目 跳板:男女双人、单人。

跳台:男女双人、单人。

(1) 跳台跳水:在坚硬无弹性的平台上进行。

跳台距水面高度分别为5米、7.5米和10米3种,奥运会、世界锦标赛、世界杯赛限用10米跳台。跳台跳水根据起跳方向和动作结构分向前、向后、向内、反身、转体和臂立6组。比赛时,男子要完成4个有难度系数限制的自选动作和6个无难度系数限制的自选动作,女子要完成4个有难度系数限制的自选动作和4个无难度系数限制的自选动作。每个动作的最高得分为10分,以全部动作完成后的得分总和评定成绩,总分高者名次列前。男、女跳台跳水分别于1904年和1912年被列为奥运会比赛项目。

(2) 跳板跳水:在一端固定,另一端有弹性的板上进行,跳板离水面的高度有1米和3米2种。跳板跳水根据起跳方向和动作结构分向前、向后、向内、反身和转体5组。比赛时,男子要完成5个有难度系数限制的自选动作和6个无难度系数限制的自选动作,女子要完成5个有难度系数限制的自选动作和5个无难度系数限制的自选动作。每个动作的最高得分为10分,以全部动作完成后的得分总和评定名次,总分高者名次列前。男、女跳板跳水分别于1908年和1920年被列为奥运会比赛项目。

5) 场地:

(1) 跳板:3米高;板长4.8米,宽0.5米。

(2) 跳台:10米高;台长6米,宽2米。

3. 花样游泳(Synchronized Swimming)

1) 定义:花样游泳又称水上芭蕾。集游泳、技巧、舞蹈、音乐于一体的水上运动项目,是在节拍声和音乐的伴奏下,按节拍或节奏在水中完成各种不同方向的滚翻、旋转、队形变换和舞蹈造型等动作的运动。

2) 起源:20世纪20年代起源于德国、英国等欧洲国家,1934年的美国芝加哥万国博览会上表演。1920年现代花样游泳创始人柯蒂斯(Katherine Curtis)将跳水和体操的翻滚动作编排成套在水中表演,创编了在水中作各种花样图案供人欣赏的水中芭蕾。1937年考特斯组建第一所花样游泳俱乐部,并在大学举办比赛。1940年全英女子自由泳100米冠军威廉斯在电影《出水芙蓉》中扮演主角,表演了花样游泳的芭蕾腿、翻滚、屈膝海豚等各种优美泳姿的组合动作,引起了世界泳坛极大的兴趣。1952年被列为奥运会表演项目,1956年得到国际游泳联合会承认。1973年在南斯拉夫举行第1届世界花样游泳锦标赛。1984年第23届奥运会开始列为比赛项目。

3）比赛：

① 奥运会；

② 各洲际比赛；

③ 世界花样游泳锦标赛。

4）规则(女子项目)：

运动员可以在陆上开始，但必须在水中结束。分规定动作和自选动作，自选动作应有音乐伴奏。

(1) 自选动作分个人、双人、集体(4～8 人)。自选动作有音乐伴奏，每个动作都有难度系数，最高评分为 10 分，以得分总和判定成绩，总分高者名次列前。动作可在陆地上开始，但必须在水中结束。

(2) 规定动作有人数、动作、音乐上的要求。

(3) 可以全部是女性也可以加男性。

5）场地：泳池长宽为 12 米×12 米或 20 米×25 米，水深 3 米。

4. 水球(Water Polo)

1）定义：在规定水域中，通过集体配合，用手射球入门得分的水上竞赛项目。

2）起源：起源于英国，在 18 世纪 60 年代人们游泳时在水中传掷足球的游戏，当时称为“水上足球”，后来逐渐发展成为两队之间的竞技运动。1877 年英国伯顿俱乐部的威尔森拟订了最早的比赛规则。1890 年水球运动传入美国，1893 年德国成为欧洲大陆第一个开展水球运动的国家，1895 年水球运动传到法国，1897 年又传到匈牙利。此后，水球运动开始在欧洲盛行。

3）比赛：男子水球在 1900 年的第 2 届奥运会被列入比赛项目，1986 年第 5 届世界游泳锦标赛和 2000 年第 27 届奥运会开始将女子水球列入比赛项目。

4）规则：比赛分两队，每队有 7 名队员，分别担任前锋、后卫及守门员。每场比赛分 4 节，每节为 7 分钟，每 2 节之间休息 2 分钟，并交换场地。以球的整体射入对方球门得 1 分，得分多者为胜。除守门员外，任何人都不能用双手触球，也不能把球按入水中。

5）场地器材：

(1) 场地：男子池长 30 米，宽 20 米。女子池长 25 米，宽 17 米。水深不得浅于 1.80 米。水池的温度 24℃～26℃。

(2) 球门：球门柱和球门横木用 0.75 米×0.75 米见方的木质、金属或合成材料制成，并涂以白色。球门宽 3 米，高 0.9 米。球门的两侧与后方用软网封闭。

(3) 球：水球的周长 0.68～0.71 米，标准重量为 400～450 克。

5. 帆船(Yachting)

1）定义：借助风帆推动船只运动员通过操帆和操舵使船前进，并在规定距离内竞速的一项水上运动。

2）起源：起源于居住在海河区域的古代人的水上交通运输工具。15世纪初期，中国明代郑和率领庞大船队7次出海，到达亚洲和非洲30多个国家。现代帆船始于荷兰。1660年荷兰的阿姆斯特丹市长将一条名为“玛丽”的帆船送给英国国王查理二世。1662年查理二世举办了英国与荷兰之间的帆船比赛。1720年爱尔兰成立皇家科克帆船俱乐部。1851年英国举行环怀特岛国际帆船赛。1870年美国和英国首次举行横渡大西洋的“美洲杯”帆船赛。

3）比赛：1900年第2届奥运会上列为正式比赛项目，1907年成立了国际帆船联合会。帆船一直是男女混合比赛，1988年第24届奥运会开始部分项目实行男女分开比赛。2000年第27届奥运会除托纳多型、49人型、星型、索林型、激光型5个项目外，其他均实行男女分开设项。2004年第28届奥运会设男子米斯特拉板、芬兰人型、激光型、470型、49人型、托纳多型、星型、欧罗巴型、索林型，女子米斯特拉板、470型11个项目，其中男子4个项目，女子4个项目，另外3个项目是“公开”的，即男女运动员可以同时参加比赛。

4）规则：根据各级别不同的船分别走完规定航程多少来规定得分。组织指挥采用国际旗语传达命令，红旗表示按顺时针方向绕标，绿旗表示按逆时针方向绕标，P字旗表示5分钟预备。航行中不按规定绕标，视为未完成比赛；碰撞标志，判罚绕该标志360°；碰撞他船，判罚原地旋转720°；比赛共进行7场，取其中成绩最好的6场得分之和评定总分，总分最少者为优胜。每场计分方法为：第1名得0分，第2名得3分，第3名得5.7分，第4名得8分，第5名得10分，第6名得11.7分，第7名得13分，此后每名次加1分。

5）场地器材：

场地：在开阔的海面上进行，距海岸1～2千米，一般国际比赛都采用短距离三角绕标航行。每段航道长度为2～2.5海里，直线航程28千米。

船体：帆船大体分为龙骨帆艇和稳向板帆艇两大类。

（1）龙骨帆艇：船体中下部有一突出的铁舵，艇长在6.50～22米之间，稳定性能好，只能在深水中航行。龙骨帆艇也称稳向舵艇，体大不灵活，稳定性好，帆力强，只能在深水中行驶。奥运会项目中的飞行荷兰人型、荷兰人型、470型、星型、托纳多型等均属此类，是世界最普及的帆船。

（2）稳向板帆艇：船体中部有一可上下移动的稳向板，艇长在6米以下，轻捷灵活，可在浅水中航行。

上述两大类帆船，又可按不同的长度、宽度、重量、吃水深浅、船帆面积和数量、驾驶人数等分为多种型号。奥运会项目中的暴风雨型、索林型等均属此类。

船型：历届奥运会比赛船型不固定，第9届奥运会以前根据重量或长度分型，如0.5

吨以下型、0.5～1吨以下型、12米型、8米型等等。第10届奥运会以后逐渐按多方面性能、数据划分船型，不少型号还以设计者的国籍或名字命名，如索林型、芬兰人型等等。

最近几届奥运会主要有：

① 芬兰人型：为芬兰人萨尔比设计，船帆标志“≈”，属稳向板帆艇类，1952年开始列为奥运会比赛项目。

② 索林型：挪威人索林设计，船帆标志“Ω”，3人驾驶，属龙骨帆艇类，1972年开始列为奥运会比赛项目。

③ 飞行荷兰人型：荷兰人埃森设计，船帆标志“FD”，2人驾驶，属稳向板帆艇类，1960年开始列为奥运会比赛项目。

④ 暴风雨型：英国人普罗克特设计，船帆标志“T”，2人驾驶，属龙骨帆艇类，1972年开始列为奥运会比赛项目。

⑤ 470型：船身长4.70米，船帆标志“470”，2人驾驶，属稳向板帆艇类，1976年开始列为奥运会比赛项目。

⑥ 星型：船帆标志“☆”，2人驾驶，属龙骨帆艇类，1932年开始列为奥运会比赛项目。

6. 赛艇(Rowing)

1）定义：是由坐在艇上的1个或几个运动员桨手运用其肌肉力量，在船舱内特制小艇活动座位上背向前进方向划进，以双手拉桨，桨和桨架作为简单的机械杆划水，推动船身前进的运动项目。

2）起源：起源于欧洲中世纪威尼斯人的一种体育项目。1715年为庆祝英王加冕，首次举行赛艇比赛。1775年英国制定竞赛规则，同年成立赛艇俱乐部。1811年伊顿公学首次举行8人赛艇比赛。

3）比赛：1900年奥运会男子赛艇列为比赛内容，1976年第21届奥运会女子赛艇列入比赛。

4）规则：赛艇按乘坐人数、有无舵手、使用单桨还是双桨来划分项目。2000年第27届奥运会设男子单人双桨、双人双桨、双人单桨无舵手、四人双桨无舵手、四人单桨无舵手、八人单桨有舵手、轻量级双人双桨、轻量级四人单桨无舵手8个项目；女子单人双桨、双人双桨、双人单桨无舵手、四人双桨有舵手、八人单桨有舵手以及轻量级双人双桨6个项目。其项目还可以分成单人、双人、四人、八人、有舵手、无舵手。

赛艇比赛在直线水道上进行，用浮标分隔为宽12.5～15米的6条航道，直线距离男子为2 000米，女子为1 000米。以艇首到达终点的先后决定名次并记取成绩，2次抢先航行取消比赛资格。男子赛艇舵手体重不得轻于50公斤，女子赛艇舵手体重不得轻于45公斤，当体重不足时，应附加相应的加重物。船长19米，宽0.8米。

5）场地器材：

赛艇类似织布梭子，两头尖而窄长。艇、桨、桨架的制作材料、形状、大小，原则上没有限制，通常用铝合金或玻璃钢等材料制成。艇内装有带滑轮的座板，可在两条轨道上滑动。划动时，运动员两腿蹬、两臂拉。赛艇按乘坐人数、体重、有无舵手，以及使用单桨还是双桨划分项目。艇两侧有固定桨架，桨为蒲扇形或椭圆形，艇和桨均用质地坚固而重量又轻的材料如玻璃钢、铝合金等制成。赛艇比赛的距离：男子 2 000 米；女子1 000米。

（1）单人双桨：艇长 8 米，宽 20 厘米，最轻重量 14 公斤。艇的两侧各装有 1 支桨。划行时，运动员背对艇首，坐于前后滑动的座板上，腿蹬臂拉。用左、右桨的划水力量控制航向。男、女单人双桨分别于 1900 年、1976 年被列为奥运会比赛项目。

（2）双人双桨：艇长 9.90 米，宽 35 厘米，最轻重量 27 公斤。艇的两侧各装有 2 支桨。划行时，2 名运动员前后坐在滑动的座板上，腿蹬臂拉，协调配合划桨。用左、右桨的划水力量控制航向。男、女双人双桨分别于 1904 年、1976 年被列为奥运会比赛项目。

（3）双人单桨无舵手：艇长 9.90 米，宽 35 厘米，最轻重量 27 公斤。艇的两侧装有桨架，前左、后右各 1 支桨。艇尾有舵，运动员用脚控制方向。划行时，2 名运动员前后坐在滑动的座板上，腿蹬臂拉，协调配合划桨。男、女双人单桨无舵手分别于 1900 年、1976 年被列为奥运会比赛项目。

（4）双人单桨有舵手：艇长 10 米，宽 35 厘米，最轻重量 32 公斤。艇的两侧装有桨架，前左、后右各 1 支桨。艇首或艇尾有舵，运动员用脚控制方向。划行时，2 名运动员前后坐在滑动的座板上，腿蹬臂拉，协调配合划桨，1 名舵手用舵控制方向。男、女双人单桨有舵手分别于 1900 年、1976 年被列为奥运会比赛项目。

（5）四人双桨：艇长 12.50 米，宽 49 厘米，最轻重量 52 公斤。艇的两侧依次装有 4 副桨架，艇尾装有钢索软柄舵。划行时，4 名运动员前后排列就座，各握双桨，腿蹬臂拉，协调配合划桨。其中 1 号桨手用右脚操纵航向。仅设男子项目，1976 年被列为奥运会比赛项目。

（6）四人单桨无舵手：艇长 12.50 米，宽 49 厘米，最轻重量 50 公斤。艇的两侧交叉装有 4 副桨架，有舵。划行时，4 名运动员前后就座，各握 1 支桨，腿蹬臂拉，协调配合划桨。其中 1 人用脚操舵控制航向。仅设男子项目，1900 年被列为奥运会比赛项目。

（7）四人单桨有舵手：艇长 13.25 米，宽 49 厘米，最轻重量 51 公斤。艇的两侧交叉装有 4 副桨架。有舵，安装在艇首或艇尾。划行时，4 名运动员前后就座，各握 1 支桨，腿蹬臂拉，协调配合划桨。由舵手控制航向。男、女四人单桨有舵手分别于 1900 年、1976 年被列为奥运会比赛项目。

（8）八人单桨有舵手：艇长 17 米，宽 57 厘米，最轻重量 96 公斤。艇的两侧交叉装有 8 个桨架。有舵，安装在艇首或艇尾。划行时，8 名运动员前后就座，各握 1 支桨，腿蹬臂拉，协调配合划桨。由舵手控制航向。靠近艇尾的 8 号运动员为领桨者，由其控制划桨速度与节奏。男、女八人单桨有舵手分别于1900年、1976年被列为奥运会比赛项目。

7. 皮划艇(Kayaking and Canoeing)

1) 定义:运动员乘坐特制小艇面向前进方向,坐或一腿跪立在船舱内,双手握单叶或双叶桨,在船舷一侧或双侧轮换划水,在规定距离内竞速推动船身前进的运动项目。包括皮艇和划艇。

2) 起源:起源于原始人类渔猎和运输的生产实践过程。

(1) 皮艇:起源于北美洲格陵兰岛上爱斯基摩人用动物皮(鲸鱼皮、水獭皮)包在木架子上制作的兽皮船,并用两端有桨叶的桨划动。

(2) 划艇:起源于加拿大。北阿拉斯加以渔猎为生的印第安人将树干掏空,坐在里面用木棍划行,故又称独木舟。划艇两头尖,艇身短,无桨架,无舵。划桨时前腿成弓步立,后腿半跪,手持一头带有铲状桨叶的桨在固定的舷侧划水,并控制方向。

3) 比赛:1936年列入第11届奥运会比赛项目。1948年第14届奥运会增设女子皮划艇项目。2004年第28届奥运会设男子皮艇500米单人、1 000米单人、500米双人、1 000米双人、1 000米四人,划艇500米单人、500米双人、1 000米单人、1 000米双人;女子皮艇500米单人、500米双人、500米四人共12个静水项目。障碍回旋设男子皮艇单人、划艇单人、划艇双人,女子皮艇单人共4个激流项目。

4) 规则:

(1) 皮艇:有舵,比赛时,运动员坐在艇内,面向前方,手持两头带桨叶的桨在艇的两侧轮流划动,依靠脚操纵舵控制航向。有单人艇、双人艇、四人艇和障碍回转项目。

① 单人艇艇长520厘米,宽51厘米,重12公斤。奥运会比赛项目有男子500米(1976年列入)、1 000米(1936年列入),女子500米(1948年列入)。

② 双人艇艇长650厘米,宽55厘米,重18公斤。奥运会比赛项目有男子500米(1976年列入)、1 000米(1936年列入),女子500米(1960年列入)。

③ 四人艇艇长1 100厘米,宽60厘米,重30公斤。奥运会比赛项目有男子1 000米(1964年列入),女子500米(1984年列入)、1 000米(1992年列入)。

④ 障碍回转运动员必须在规定的航道内激流中穿越或绕过规定的障碍到达终点,以扣分少者为胜。航道长800米,有人工障碍和天然障碍。人工障碍是宽为90～120厘米的门框,一般设25～30个,比赛时必须穿越每个门框,碰撞或漏穿均要扣分。男、女单人障碍回转均于1992年被列为奥运会比赛项目。

(2) 划艇:两头尖,艇身短,无桨架,无舵。划桨时前腿成弓步立,后腿半跪,手持一头带有铲状桨叶的桨在固定的舷侧划水,并控制方向。有单人、双人、障碍回转项目。

① 单人划艇艇长520厘米,宽75厘米,重16公斤。奥运会仅列男子比赛项目,现有500米(1976年列入)、1 000米(1936年列入)。

② 双人划艇艇长 650 厘米，宽 75 厘米，重 20 公斤。奥运会仅列男子比赛项目，现有 500 米(1976 年列入)、1 000 米(1936 年列入)。

③ 障碍回转运动员必须在规定的航道内激流中穿越或绕过规定的障碍到达终点，以扣分少者为胜。航道长 800 米，有人工障碍和天然障碍。人工障碍是宽为 90～120 厘米的门框，一般设 25～30 个，比赛时必须穿越每个门框，碰撞或漏穿均要扣分。男、女单人和双人障碍回转均于 1992 年被列为奥运会比赛项目。

5) 场地器材：

皮艇和划艇都是两头尖的小艇，均不设桨架，双人皮艇有舵，划艇无舵。皮艇使用两端互成约 90 度的桨，两侧轮流划水；划艇桨叶形似铲子，一侧划水。近代皮划艇与 16 世纪人们的探险和漫游欧洲北部海域有关。有静水项目和激流项目之分。

桨的长度没有统一规定，一般男子皮艇桨为 2.22～2.28 米，女子为2.16～2.22 米。

2.4.3 力量类运动

1. 举重(Weightlifting)

1) 定义：用双手采用各种方式、方法举起杠铃(重物)，并逐次增加重量的一项体育运动。

2) 起源：起源于人类的劳动和生活，后来逐渐发展成为近代的竞技举重。中国在 2 000多年前就有记载。在晋代，武举测试科目就是举重。

国际举重始于 18 世纪末，后盛行于欧洲。现代奥运会举重项目始于 1896 年，当时的奥运会不分体重级别，竞赛方式是单手举哑铃、双手举球状杠铃。

1900 年第 2 届奥运会没有举重项目，1904 年第 3 届奥运会重新列入，比赛仍不分体重级别，单手举哑铃、双手任意举。

1920 年第 7 届奥运会开始按运动员体重分为 60、67.5、75、82.5、82.5 公斤以上级 5 个级别，比赛改为单手抓举、单手挺举和双手挺举。

1924 年第 8 届奥运会的体重级别同上届奥运会，但比赛方式改为单手抓举、单手挺举、双手抓举、双手推举、双手挺举。

1928 年第 9 届奥运会至 1936 年第 11 届奥运会，体重级别未变，比赛方式精简为推举、抓举和挺举。此后比赛方式不变，但级别时有增加、变换。

1972 年奥运会后取消了推举，只计算总成绩名次，共分 52、56、60、67.5、75、82.5、90、100、110、110 公斤以上级 10 个级别。

2000 年第 27 届奥运会开始设立女子举重比赛项目。同时，重新修改了运动员的体重级别，将原来的 10 个级别改为 56、62、69、77、85、94、105、105 公斤以上级 8 个级别。

3) 比赛：1896 年第 1 届奥运会即列为比赛项目。

(1) 奥运会：

(2) 世界锦标赛,始于1898年7月;

(3) 世界青年锦标赛;

(4) 各洲际比赛。

4) 规则:

(1) 抓举:以快速连贯动作,连续地将杠铃从地面拉起至两臂在头上伸直的运动,一气呵成将杠铃举起。它的特点是在最短时间内用力速度较快,因此也是一项发展全身爆发力的练习。有下蹲抓与箭步抓两种姿势。下蹲抓杠铃行程较短,目前大多数优秀运动员都采用下蹲抓。完整动作分为预备姿势、开始提铃、发力、下蹲支撑、起立定铃、放下杠铃几个部分。

(2) 挺举:是一个快速连续地将杠铃从地面提到胸上,然后将杠铃从胸上挺起至两臂伸直的动作。它的特点是在最短时间内发出最大的肌肉力量,强度较大,因此也是一项发展全身爆发力的练习,又由于它举得重,对举重总成绩有较大影响。由提铃至胸和上挺两个动作组成。提铃至胸可分为下蹲式和箭步式两种姿势。下蹲式杠铃行程较短,目前大多数优秀运动员都采用。上挺可分为箭步式、半蹲式与下蹲式三种姿势。

(3) 比赛根据运动员体重来设定比赛等级。比赛是先轻级别,后重级别;先抓举,后挺举,两种举重方式必须在同一场内完成。运动员比赛前2个小时开始称体重。全场比赛共有6次试举机会,即抓、挺各3次。试举重量由运动员选定。但每次试举重量必须是2.5公斤的倍数。试举成功后,至少增加2.5公斤,如试举失败,下一次试举仍可举原重量,也可增加重量。

(4) 试举顺序是:重量轻者先举;第1次试举重量相同,签号小者先举;试举重量相同,试举次数不同,则次数少者先举;第2、第3次试举重量相同,则前一次先举者仍先举。一场比赛有3名裁判员,试举的成败由裁判员分别以白、红灯或旗表示,2或3个白灯为成功,2或3个红灯为失败。单项名次以单项最高成绩来确定。总成绩名次以抓举和挺举最高成绩之和来确定。如成绩相同,体重轻者名次列前,体重相同,则以先试举成功者名次列前。

2. 拳击运动(Boxing)

1) 定义:是对抗性极强的竞技运动项目。比赛时两名运动员手戴拳套在规则的限止下,用拳相互按规定部位击中或击倒对方的对抗性强搏斗激烈的运动。并以击倒对方或得分多者为胜。

2) 起源:起源于古希腊和古罗马时期的角斗。公元前688年第23届古代奥运会已有拳击比赛,公元404年废止。第41届古代奥运会还增加了少年拳击项目,中世纪伦敦兴起过有奖拳击赛,英格兰拳击家J.布劳顿(1704—1789)为拳击运动制定了规则,该规则直到1839年才由伦敦职业协会比赛规则所取代,1867年英格兰体育俱乐部成员J.G.钱伯斯提出新的拳击规则,因受昆斯伯里侯爵赞助出版,后来被称为昆斯伯里规则。

1888年美国业余体育联盟成立，同年决定每年举办拳击锦标赛。1923年《芝加哥论坛报》主办名为“金拳套”的业余拳击比赛。拳击比赛分为职业拳击和业余拳击两种，职业拳击运动员上身赤裸，拳套薄而小，比赛要打12～15个回合，每回合3分钟，运动员通过比赛可以获得很高的酬金，世界著名的拳王J. 路易斯、M. 阿里等人都属于职业拳击手。现代拳击运动，起源于18世纪的英国，提倡拳击手须戴皮手套，并规定了打击部位。

3）比赛：1904年第3届奥运会上列为正式项目。奥运会举行的是业余拳击比赛。

比赛要求按运动员体重分成48公斤级、51公斤级、54公斤级、57公斤级、60公斤级、63.5公斤级、67公斤级、71公斤级、75公斤级、81公斤级、91公斤级、91公斤以上级共12个级别。

4）规则：

1997年比赛采用五回合制，每回合2分钟，回合之间休息1分钟，运动员用拳击中对方头部或腰以上部位的正面或侧面，为有效击中，如果比赛时间内被击倒者在10秒钟内不能重新站起来继续比赛即为失败，但如果比方在打满5个回合时，未出现一方被击倒后10秒钟内不能重新站立继续比赛的情况，则根据台下评判员的记录，计算得分与“警告”犯规扣分后，总分多者为胜。

拳击技术：

（1）直拳：击拳运动轨迹是直线。

（2）勾拳：击拳时手臂弯曲，形状如钩。

（3）摆拳：击拳运动轨迹呈横短半弧路线。

（4）刺拳：为试探对手而使用虚实结合的击拳方法。

（5）组合拳：将直、勾、摆、刺拳的不同击法组合运用，进行连续攻击或反击的击拳方法。

5）场地器材：

长4.0～6.1米，高1米，铺1.3～1.9厘米厚毛毡，四周竖起直径10～15厘米，高2.5米的立柱，四周用3厘米粗的绳环绕4道围绳。业余拳击运动员身穿背心、戴有头盔，拳套大而厚，比赛只举行3个回合。运动员使用的手套每只重为284克，比赛时运动员必须使用护手绷带、头盔、护齿和护裆。

3. 摔跤(Wrestling)

1）定义：两人徒手相搏，按一定的规则，运用各种技术、技巧和方法将对方摔倒的运动。

2）起源：世界最古老的竞技项目之一，中国古代称“角力”。中国、日本、希腊以及埃及等国家的古代文明中都有摔跤的文字记载。在公元前776年第1届古奥运会上就有摔跤比赛。

3）比赛：1896年第1届奥运会将古典式摔跤比赛列为正式项目。1904年第3届奥运会,自由式摔跤也被列入正式项目。1972 年第 12 届奥运会开始将古典式和自由式摔跤场按运动员体重分等级进行比赛。

(1) 自由式摔跤:Wrestling Freestyle

(2) 古典式摔跤:Wrestling Greco-roman

4) 规则:每场比赛 2 个回合,每个回合 3 分钟,中间休息 1 分钟。比赛形式有古典式和自由式两种,按体重分级别进行比赛。古典式于 1896 年被列为奥运会比赛项目,自由式于 1904 年被列为奥运会比赛项目。仅男子项目。

(1) 古典式摔跤:又称古典式角力。18 世纪末 19 世纪初法国盛行摔跤。后国际奥委会认为法国摔跤就是古希腊和古罗马时期的摔跤,故将法国摔跤命名为希腊罗马式摔跤。比赛时不许抓衣服、不准用手和腿进攻对方的下肢,只许用手臂抱头、颈、躯干和上肢。将对方摔倒后使其双肩触及垫子者为胜,如在规定的时间内未出现这种情况,则按 2 个回合中得分的多少判定名次。

(2) 自由式摔跤:又称自由式角力,始于 18 世纪末 19 世纪初的欧美国家。比赛时可以手足并用,可以抱头、颈、躯干、上下肢,缠腿、勾足、挑腿等,但不许抓衣服,不许使用反关节和窒息动作。将对手摔倒后使其双肩触及垫子者为胜,如在规定的时间内未出现这种情况,则按 2 个回合中得分的多少判定名次。

奥运会设男子自由式 54 公斤、58 公斤、63 公斤、69 公斤、76 公斤、85 公斤、97 公斤、130 公斤级;古典式 54 公斤、58 公斤、63 公斤、69 公斤、76 公斤、85 公斤、97 公斤、130 公斤级 16 个项目。

5) 场地:

比赛在每边长 12 米的垫上进行,垫的厚度根据使用材料的弹性而定,一般 6 厘米左右。垫中间直径 9 米的圆圈为比赛区。比赛时运动员必须身穿红色或蓝色摔跤服,鞋为平底软靴。

4. 柔道(Judo)

1) 定义:日本武技与中国摔跤技术相结合的一种运动。属于摔跤类型的一种徒手竞技运动。

2) 起源:1638 年中国明朝陈元斌东渡日本,传授中国拳术,日本人根据其踢、打、摔、拿技术形成的拳术。现代柔道起源于日本。

1882 年日本的嘉纳治五郎综合当时流行的各派拳术精华,提出“精力善用,自他共荣”等口号,确定以立技、寝技和挡身技 3 个部分为基础的技术体系,并制定了一套训练方法,从而创造了柔道。嘉纳治五郎为鼓励柔道爱好者的上进心和荣誉感,1884 年设立柔道段位制。共分为 5 级 10 段,新手从 5 级到 1 级,再从 1 段晋升到 10 段。段位的高低用腰带的颜色表示,5 级和 4 级系白色带,3 级到 1 级系茶色带,1 段到 5 段系黑色带,6 段到 8 段系红、白相间的带,9 段到 10 段系红色带。女子的段位在色带正中镶以白色横线,以示区别。

日本人尊称嘉纳治五郎为“柔道之父”。1949 年成立欧洲柔道联合会,每年举行一次欧洲柔道锦标赛。女子柔道最先始于日本,但组织比赛却是欧洲最早。日本的柔道水平最高,多次夺得奥运会金牌。日本柔道技术的特点是细腻、灵活、准确,与中国、韩国等形成亚洲风格。俄罗斯、法国、英国、荷兰、德国等国家将桑勃摔跤、古典式摔跤、自由式摔跤以及各种民族形式的摔跤技法和训练方法运用到柔道中,形成粗犷、有力、积极、主动的欧洲风格。

3）比赛:

（1）世界锦标赛:始于 1956 年,2 年/届。

（2）奥运会:男女比赛分别于 1964 年第 18 届奥运会、1992 年第 25 届奥运会开始列入比赛项目。

2000 年第 27 届奥运会设立 14 个级别,男子 60 公斤、66 公斤、73 公斤、81 公斤、90 公斤、100 公斤、100 公斤以上级,女子 48 公斤、52 公斤、57 公斤、63 公斤、70 公斤、78 公斤、78 公斤以上级。

4）规则:比赛按运动员体重分级进行,级别的划分经常变化。

运动员必须身穿白色或米黄色柔道服,赤脚,系腰带。每场比赛男子 5 分钟,女子 4 分钟。比赛中禁止击打,不许用头、肘、膝顶撞对方。除了肘关节外,不许对其他关节使用反关节的动作。不许抓头发和生殖器。有犯规行为或是踏出比赛区,根据情节轻重给予“指导”、“注意”、“警告”、“取消本场比赛资格”的处罚。

运动员使用的技术,按其效果和质量评为 4 种分数:

（1）一本:使用投技把对方摔成大部分的肩背着地;把对方的背固定在垫子上达 30 秒钟;逼迫对方的肘关节或勒绞对方颈部使其拍垫子认输;对方受到“取消本场比赛资格”的处罚。以上均得一本。运动员得一本后,即获得该场比赛胜利。

（2）技有:使用投技将对方摔倒或背固定在垫子上达 25 秒以上,但不到 30 秒;对方运动员受到 1 次“警告”。以上均判得技有。该分数标准在速度、力量、幅度三项中有一项不足,在一场比赛中获得 2 个技有,即获得比赛胜利。

（3）有效:使用投技将对方的背固定在垫子上的时间在 20 秒以上,不到 25 秒;对方受到 1 次“注意”处罚。以上均得有效。在速度、力量、幅度三项中有两项不足。

（4）效果:使用投技将对方摔成大腿或臀部着地;把对方的背固定在垫子上的时间在 10 秒以上,不到 20 秒;对方受到 1 次“指导”的处罚。以上均得效果。该分数标准有速度、力量,将大腿、臀部着地。

一场比赛中未得一本时,则按技有、有效、效果的多少评定胜负,但 1 个技有可以胜过所有的有效和效果,1 个有效胜过所有的效果。如果双方得分相等,则根据比赛的风格、进攻次数来判定胜负。

5) 场地:要求最小 14 米×14 米、最大为 16 米×16 米的榻榻米。

5. 跆拳道(Taekwondo)

1) 定义:使用拳脚击打格斗的运动项目。以脚法对抗为主的朝鲜传统武术。跆(TAE)表示脚踢、撞顶;拳(KWON)意指拳打掌击;道(DO)是指方法、技艺和道理。

2) 起源:起源于 1 500 年前的古代朝鲜民间武术。由古代朝鲜的"花郎道"、中国的武术、日本的空手道融合而成。在 688 年新罗王国统一朝鲜,跆拳道得到大力推广,第二次世界大战后,逐渐在世界各国广泛开展,1937 年开始举办世界跆拳道锦标赛。

3) 比赛:1988 年被列为奥运会表演项目,1992 年第 25 届奥运会成为比赛项目。

4) 规则:跆拳道强调以腿为主、手足并用,腿法有前踢、侧踢、后踢、勾踢、旋踢、推踢等,手法有拳、掌、臂、肘等。

按体重分级比赛。2000 年第 27 届奥运会分为男子 58 公斤、68 公斤、80 公斤、80 公斤以上级,女子 49 公斤、57 公斤、67 公斤、67 公斤以上级。

比赛采用三回合制,每个回合 3 分钟,回合之间休息 1 分钟,属于有直接身体碰撞的激烈对抗性项目,运动员比赛时必须穿戴护头、护身、护裆、护臂和护腿。以拳的正面、踝关节以下部位进攻对手髋骨以上、锁骨以下被护具保护的躯干部位,以及以两耳为基准的头部和颈部的前面部分。以得分判定名次,得分多者名次列前。

5) 场地:比赛场地为 12 米×12 米,可铺设高出地面 50～60 厘米的软垫。

2.4.4 体操类运动

1. 竞技体操(Artistic Gymnastics)

1) 定义:徒手或借助器械进行各种身体操练的一类体育项目。以争取优异成绩为目的,有特定的比赛项目、裁判规则和评分方法的运动项目。

2) 起源:现代体操据历史资料记载来源于欧洲 18 世纪中叶。国家出于军事需要,将体操与军事训练结合起来。"体操"一词源于古希腊语 gymn'os,意为"赤膊操练"。古希腊人把保健养生运动统称为体操。

近代体操 19 世纪在欧洲首先兴起,各种体操学派相继而生。

(1) 以 F. 扬为代表的"德国体操学派"注重器械练习,当时就有单杠、木马等器械,强调强身健体,增强力量;

(2) 以 P. H. 林为代表的"雅典学派"主要运用人体解剖学和生理学理论,编制多种练习,注重培养正确的身体姿态,增强肌肉,以达到军事、教育和医疗的作用;

(3) 以 N. 布克为代表的"丹麦体操学派"则吸收以上两家之长,强调练习动作的活泼、自然、协调、放松,要求富有弹性、较强节奏感和韵律性,以增强健康,全面发展身体;

(4) 以 M. 笛尔什为代表的捷克"天鹰学派"强调动作优美动人,讲究完成动作的难度和编排，是现代体操发展的雏形。体操项目多次变化。

男女体操分别于1896年第1届奥运会、1928年第9届奥运会开始列为比赛项目。男子体操从1896年第1届奥运会到1932年第10届奥运会，比赛项目除双杠、单杠、鞍马、吊环、跳马外，还包括爬绳、跳高、跳远、撑杆跳高、推铅球、150米跑、举重等，每届比赛也不尽相同。

3）比赛：

（1）奥运会，始于1896年；

（2）世界体操锦标赛，始于1903年，4年/届；

（3）国际世界杯，始于1975年，1年/届；

（4）各洲际比赛。

4）规则：

项目　男子：自由体操、鞍马、吊环、跳马、双杠、单杠；

　　　女子：跳马、高低杠、平衡木、自由体操。

（1）团体赛：亦称第一种比赛。每队6名运动员参加，先进行单项规定动作，然后进行自选动作的比赛，抽签决定每队规定动作比赛的场次；以规定动作的得分排列自选动作比赛的场次，通常得分高的安排在后，得分低的安排在前。团体赛名次以规定动作各项前5名运动员得分加上自选动作各项前5名运动员得分，男子满分600分、女子400分，总分高者名次列前。

（2）个人全能决赛：又称第二种比赛。第一种比赛中全能成绩最高的前36名运动员参加第二种比赛，每队最多3名运动员参加。全能比赛只进行自选动作。个人全能名次取决于男子6项、女子4项的得分。男子满分60分，女子满分40分，得分高者名次列前。

（3）个人单项决赛：又称第三种比赛。只有在第一种比赛中个人单项成绩排名前8名的运动员才有参赛资格。个人单项决赛只进行自选动作比赛。个人单项名次取决于运动员在该项的得分，满分10分，得分高者名次列前。

① 跳马：女子竞技体操的跳马是横马，由马身、马腿和底座组成。马身长160～163厘米，马身宽35～36厘米。所有跳马动作必须用双手撑马，助跑的长度根据个人安排。跳马动作可以根据在空中的不同腾空类型分为几个组别。男子跳马高1.35米。跳马是由助跑开始的，以双腿并拢起跳完成的跳跃腾空动作，跳马的助跑最长距离为25米，助跑允许中断，但不允许返回重新跑，跳马要求腾空有一定的高度和远度。

② 高低杠：女子体操特有的一个项目，它由一高一低两副杠组成，杠间距离可以调整。低杠高130～160厘米，高杠高190～240厘米。横杠是椭圆形的，长径5厘米、短径4厘米，是由玻璃钢加木质杠面制成的，具有良好的弹性和坚固性。

③ 平衡木：女子体操特有的一个项目，长5米、宽0.1米，木高根据需要可升可

降，正式比赛高度为 1.2 米。平衡木有完成时间的限制，对于成套的动作难度和空中技巧串均有严格规定。

④ 自由体操：是男女共有的一个项目，地毯下面设有许多海绵块，所以自由体操场地不同于一般地板，具有良好的弹性和缓冲性能，是在无伴唱的音乐下完成的空翻和技巧动作。自由体操有严格的场地和时间的限制，要求运动员在规定时间（女 70～90 秒、男 50～70 秒）之内完成动作，并要求运动员的动作能和音乐很好的协调起来。

⑤ 鞍马：高 1.05 米，环高 12 厘米。在马的所有部位，用不同的支撑方式完成不同的全旋和摆越动作。

⑥ 吊环：环高 2.55 米。一套吊环动作应由比例大致相等的摆动和力量静止动作组成，这些动作和连接是通过悬垂，经过或成支撑，经过或成手倒立来完成，以直臂完成动作为主。

⑦ 双杠：高 1.75 米。双杠是由众多结构组中选出的摆动和飞行动作组成，通过各种支撑和悬垂动作来过渡完成。

⑧ 单杠：高 2.55 米。单杠整套动作都是由摆动动作组成，以各种握法不间断地完成动作，它包括大回环、近杠动作、围绕身体纵轴的转体及飞行动作。

5）场地：

自由体操场地长 12 米，宽 12 米，包括平衡木区。

跳马区长 47.5 米，宽 5 米；

双杠区长 10 米，宽 9 米；

单杠区长 15 米，宽 9.5 米，包括高低杠区；

鞍马区长 14.5 米，宽 9.5 米，包括吊环区。

2. 艺术体操(Rhythmic Gymnastics)

1）定义：通过徒手或手持轻器械，并在音乐伴奏下进行的有节奏、连续不断的身体练习，是女子特有的竞技项目。

2）起源：产生于 19 世纪末的欧洲，后渐传入其他各洲，是从韵律体操和舞蹈体操发展起来的，又称韵律体操。19 世纪末出现有音乐伴奏的各种身体动作练习。20 世纪初，瑞士日内瓦音乐学院教师雅克·达尔克罗兹(Emile Jaques Dalcroze)创编的韵律体操，将身体练习与音乐结合起来，并从最初的徒手发展为使用轻器械的形式。1962 年被国际体操联合会确定为比赛项目。1963 年起举办世界艺术体操锦标赛。

3）比赛：

（1）奥运会，始于 1980 年；

（2）世界锦标赛，2 年/届，始于 1963 年；

（3）四大洲艺术体操锦标赛，2 年/届；

（4）世界杯赛，2 年/届，始于 1982 年；

(5) 各洲际比赛。

4) 规则：

个人赛：团体、个人全能、个人单项。

集体赛：集体全能、集体单项。

(1) 团体赛，每队最多 3 名运动员参加 4 项不同器械的自选动作，每项满分为 10 分，总得分最高为 120 分，总分高者为胜。

(2) 个人全能赛，每队最多 2 名运动员。团体赛全能成绩排位前 26 名的运动员才有资格参加，必须完成 4 项不同器械的自选动作，每项满分为 10 分，4 个项目总得分最高为 40 分，总分高者为胜。

(3) 个人单项赛，每队 2 名运动员参加，以各单项的得分评定名次，最高分 10 分，得分多者为胜。艺术体操中使用的轻器械主要有绳、圈、球、棒和带等。1984 年被列为奥运会比赛项目，仅设个人全能赛；1996 年增加团体比赛。

5) 场地器材：

(1) 场地：12 米×12 米，铺地毯或地板的场地供运动员选择。器材颜色要求除金、银、铜色外。

(2) 器材

绳：用麻或合成纤维制成，长度根据自己身高而定；

圈：内径 80～90 厘米，重 300 克；

棒：长 40～50 厘米，重 150 克；

彩带：带长 600 厘米，宽 4～5 厘米，重 35 克，手棒的棍长 50～60 厘米；

球：直径 18～20 厘米，重 400 克；

3. 健美操(Body Gymnastics Building)

1) 定义：是通过它特有的练习内容和方法来实现健康美。它是根据人体解剖学、运动生理学、运动医学，结合美学，将肌肉运动和健身、健美融为一体的体育运动项目。

2) 起源：健美操起源于 1968 年。1983 年美国举行了首届健美操比赛，1984 年首届远东区健美操大赛在日本举行。由于两次大赛的成功，1984 年起健美操运动在世界各地全面兴起，国际健美操委员会力争将健美操项目带入奥运会。近代健美操的兴起是在 19 世纪末 20 世纪初，欧洲出现了诸多体操学派，并有各自的理论和实践。

3) 比赛：

目前国际上举办的比赛有：

(1) 健美操世界锦标赛；

(2) 世界杯赛；

(3) 世界冠军赛；

(4) 世界巡回赛。

4）规则：健美操竞赛项目包括男子单人、女子单人、混合双人、三人（男三；女三；混合三人）、混合六人（男三、女三）。

动作要求：

（1）艺术性：要求充满活力，有创造性，以健美操方式表现动作的设计感和过渡动作的流畅。成套动作必须显示身体双侧的力量和柔韧性，而不重复同一动作。

（2）完成：任何未按竞技健美操定义完成的动作都将被扣分。混双和三人（六人）成套中最多允许 4 次托举或支撑配合动作，包括开始和结束。

（3）难度：至少每类难度动作各一个，最多难度动作为 16 个，难度分将是 12 个最高难度动作的总分。

全套动作内容：

① 成套动作必须表现出健美操动作类型（高和低动作的组合），风格和难度动作的均衡性。健美操动作的姿态要求是躯干直，呈一直线位置，手臂和腿部动作有力、外形清晰。动作编排要合理利用全部空间，包括地面以及空中动作。

② 成套动作必须包括下列各类难度动作各一个：动力性力量、静力性力量、跳跃（爆发力）、踢腿、平衡、柔韧。

5）场地：

比赛时间限制在 1 分 45 秒上下浮动 5 秒钟，六人操除外，即时间为 2 分 20 秒上下浮动 5 秒钟。比赛场地为平方米：7×7（六人操场地为平方米：10×10）。比赛服装也有专门的规定，一般为紧身的专业健美操服装，比赛有专门的竞赛规则，对每一具体细节都作出详细的说明。

4. 体育舞蹈（Sports Dance（Ballroom Dancing））

1）定义：以经过提炼和艺术加工的有节奏的人体动作和造型为主要手段，来表现人的生活和思想感情的一种艺术与体育结合形式。它是在有特定节奏的舞曲引导下运用舞蹈的舞技，展示舞蹈的风格、竞技性的魅力的国际标准交际舞。它是以竞技为目的，具有自娱和表演观赏性的竞技舞蹈。它包括现代舞、拉丁舞、集体舞三个竞赛项目的 10 个竞赛舞种。原名社交舞蹈，又称国际标准交谊舞。

2）起源：中世纪萌芽时期的欧洲，当时的舞蹈只是一种舞步，是欧洲贵族在宫廷中所独享的特权，用作彼此寒暄的见面礼，因而被冠以“宫廷舞”的头衔。这种以宫廷外为禁区而盛行不衰的“宫廷舞”，自经历了法国大革命的洗礼后，几乎销声匿迹。一直到 19 世纪初期，华尔兹舞的出现，才使这种贵族独享的“宫廷舞”，变为社会中人人可舞的社交舞。

3）比赛：

（1）世界杯赛，1 年/届，始于 1950 年；

（2）世界锦标赛，1 年/届，始于 1950 年。

4）种类：

（1）摩登舞（Modern）：又译“现代舞”。体育舞蹈项目之一。由英国发起，由欧美舞蹈界人士在广泛研究传统宫廷舞、交谊舞及拉美国家的各种舞蹈的基础上进行规范和美化加工而成，正式形成了华尔兹、探戈、狐步舞、快步舞、维也纳华尔兹五种舞的步伐。特点是由贴身握抱的姿势开始，沿着舞程线逆时针方向绕场行进。步法规范严谨，上体和胯部保持相对稳定挺拔，完成各种前进、后退、横向、旋转、造型等舞步动作。具有端庄典雅的绅士风度。曲调大多抒情优美，旋律感强。

摩登舞除了探戈外，都源于欧洲大陆，它的音乐时而激情昂扬，时而缠绵性感，动作细腻严谨，穿着十分讲究，体现欧洲国家男士的绅士风度和女士的妩媚。男士需身着燕尾服，白领结；女士则以飘逸、艳丽长裙表现出她们的华贵、美丽、高雅、秀丽之仪态。

① 华尔兹（Waltz）（快三步）：发源地是Boston。原为德国和奥地利的民间舞，18世纪出现于城镇舞会，后进入宫廷。音乐为3/4拍，第1拍为重拍。音乐速度每分钟32小节，每步一拍。舞步属于对角线的结构，多回转，身体在升降时带有倾斜，舞蹈风格典雅大方，舞态雍容，动作流畅，情绪优雅。

② 探戈（Tango）：源于非洲，传入阿根廷Buenos Aires（阿根廷的犹太人区）及拉丁美洲国家。音乐为2/4拍，第1、3拍为重拍，音乐速度每分钟32小节，慢步一拍、快步半拍。舞步突出的特征是斜行横进，欲进又退，欲退还前，欲左却右，动静相间，不用升降，也没有倾斜动作，步伐顿挫、奔放、明快，音乐华丽，舞态刚劲，情绪爽利。

特点：a. 自始至终男女交臂而舞，不紧不慢；

b. 男子主导，引导、限定女子的舞步；

c. 舞步中，随乐曲切分节奏；

d. 无一定程序，即兴发挥。

③ 狐步舞（Foxtrot）（中四步）：产生于20世纪20年代，命名源自于美国舞蹈表演者——Harry Fox的名字，以模仿狐狸走路姿态而创造。音乐为4/4拍，第1、3拍为重拍子，音乐速度每分钟32小节，慢步二拍、快步一拍。在舞步中不作拍和，左右脚交替前进，步距大而平缓，舒展而流畅，舞蹈风格悠闲，舞态潇洒，温柔从容，情绪轻柔。

④ 快步舞（Quickstep）（快四步）：源于欧洲民间舞，20世纪20年代在美国问世。音乐为4/4拍，第1、3拍为重拍。音乐速度每分钟48小节，慢步二拍、快步一拍。舞步是直进直退步，音乐优美，舞态逍遥轻盈，步伐飘逸灵活，活泼动人，其舞步富于变化，多跳跃，情绪活泼。

⑤ 维也纳华尔兹（Viennese Waltz）（慢三步）：起源于奥地利。各国的音乐大师频频创作的圆舞曲，更是让维也纳华尔兹广泛流传。音乐3/4拍，第1、3拍为重拍，音乐的速度为每分钟56小节，每步一拍、二拍、三拍。要求情绪轻快，步伐周旋翩跹，音乐流畅，舞态婆娑。

(2) 拉丁舞(Latin):体育舞蹈项目之一。除了斗牛舞以外,都源于美洲各国。内容包括伦巴、恰恰、桑巴、斗牛舞和牛仔舞。特点是舞伴之间可贴身,可分离。各自在固定范围内辐射式地变换方向角度,展现舞姿。步法灵活多变,各舞种通过对胯部及身体摆动不同的技术要求,完成各种舞步,表现各种风格。舞姿妩媚潇洒,婀娜多姿。风格生动活泼,热情奔放。曲调缠绵浪漫,活泼热烈,节奏感强。着装浪漫洒脱,男子身着上身短、下身长的紧身或宽松装,女子身着紧身短裙,显露女性曲线的美。

① 伦巴(Rumba):原为非洲苏丹黑人的一种民间舞蹈,传入古巴后,发展成男女双人对舞的斗鸡形式。伦巴,20 世纪 30 年代传入欧美各国,是一种典型的强节奏舞蹈,并成为所有拉丁舞中的经典。很多基本动作都是凭借女性魅力来展示的。在一套优美的成套动作中,总的含有“逗趣、追逐”的要素,男士总是先被引诱然后被拒绝。音乐为 4/4 拍,第 1 拍为重拍,音乐速度每分钟 30 小节。

特点:两腿向两侧摆动引起两胯部轮流撑动,上身较自由。

② 恰恰(Cha—Cha):起源于古巴。音乐为 4/4 拍,第 1 拍为重拍,音乐速度每分钟 30 小节。它的风格在于,一反男士主导的习惯,而是由女士领舞,即女士领舞,男士随舞。舞蹈的音乐打击性强,舞态花俏,具有阳刚明快之感,活泼、欢快,充满朝气。恰恰带给人们的是一种快乐、轻松、逗趣的感觉,还有聚会的氛围。

特点:腰臀略带扭动。

③ 桑巴(Samba):巴西最流行的民间舞蹈,是印第安人、非洲黑人、葡萄牙殖民者音乐、舞蹈活动相融合的产物,1929 年传入美国。音乐为 2/4 拍或 4/4 拍,音乐速度每分钟 48～59 小节,音乐欢欣、动作朴实,脚步、手的姿态变化多端,步伐摇摆缠绵。与此同时,还要求舞者必须欢快、煽情、激昂地表现。

特点:上身起伏和胯部扭动,身体随脚步前后摇摆为主要特征。

④ 斗牛舞(Paso Doble):源于西班牙,后流行于欧洲、拉丁美洲,是由斗牛士在斗牛时的基本动作发展而来。音乐为 2/4 拍,音乐速度每分钟 600 小节。斗牛舞音乐热情洋溢、奔放且极具节奏感,以淋漓尽致的脚法律动为引导,自由流畅,展现女性优美线条,动人入情、生动活泼、热情奔放,充分表达了青春欢乐的气息;男士则表现剽悍刚强、气势轩昂、威武雄壮的个性美。

特点:在斗牛舞中,男士(斗牛士)的角色比其他任何舞种都重要。女士为斗牛士手中用以招惑公牛发怒的“红斗篷”或牛。

⑤ 牛仔舞(Jive):源于美国黑人舞蹈,是由一种叫“吉特巴”的舞蹈发展而来。20 世纪 50 年代爵士乐流行对这种舞蹈形式加速和完善。音乐为 4/4 拍,音乐速度每分钟 40 小节。舞蹈风格活泼、欢快,有各种快速的旋转和腰、臀部的自然摆动。牛仔舞是一种节奏快、耗体力的舞蹈。

特点:以跳跃和旋转组合成各种快速舞蹈动作,要求腰、胯部自然扭动。

5）场地：

场地要求地面平整光滑，面积为15米×32米，赛场长的两边称为A线，短的两边称为B线。比赛时，运动员按照所编排的套路按两条线的长短不同进行舞步动作，沿着舞程线逆时针方向循序而进。

5. 蹦床(Trampoline)

1）定义：体操项目之一，亦为体育器材名称。蹦床运动又称回弹技巧运动，运动员从蹦床弹入空中表演技巧动作。

2）起源：早在19世纪中叶北美的科曼契印第安人就使用过类似的蹦床，马戏团的杂技演员使用类似的蹦床至少也有200年历史，法国杂技演员特郎·波兰(Du Trampolin)是现代弹性蹦床的创始者，他用麻绳编制成保护网，以加强“空中秋千飞人”的安全，并利用网的弹性将演员抛入空中，完成各种动作。20世纪30年代，美国跳水冠军尼森(George Nissen)制作出类似于当今的那种蹦床，用来帮助自己的跳水与翻转训练，后来创办了“尼森蹦床公司”。第二次世界大战期间，美国利用蹦床训练飞行员和领航员的定位技能，取得良好效果，以后逐渐成为一项运动，在美国的中学、大学广泛开展。1947年美国在得克萨斯州举行首届全国蹦床表演赛，1948年起被列入正式比赛，后传入欧洲。

3）比赛：1858年英国开始举行全英蹦床锦标赛，1962年联邦德国首次举行国际蹦床公开赛，1964年在英国举行第1届世界蹦床锦标赛，1969年在法国巴黎举行首届欧洲蹦床锦标赛。2000年第27届奥运会首次列入比赛项目。

4）规则：比赛时运动员必须完成规定动作和自选动作，裁判员根据动作难度、完成情况和姿势优美程度评分。

5）场地器材：蹦床用金属框架、网或帆布制成，框架长5.050米、宽2.910米、高1.150米，网长4.028米、宽2.14米，弹簧112个。

2.4.5 田径类运动

1. 定义：是以时间、高度、远度或评分计算成绩，评定名次的竞技运动项目。

2. 起源：公元前776年古希腊奥运会。早在公元前1829年，在爱尔兰举行的格纳萨德竞技会上，就有田径项目的比赛，但田径运动在公元前776年第1届古代奥林匹克运动会上才算正式形成。现代田径运动兴起于英国，1825年伦敦举行过2次业余赛跑。1896年第1届现代奥运会就列入比赛项目。

3. 比赛：奥运会；国际田径赛；国际室内田径赛；世界杯田径赛；世界田径锦标赛；世界大学生运动会田径赛；洲际比赛。

1）竞走：包括男子20公里、50公里，女子20公里，比赛通常在公路上进行。

2）赛跑：分为短跑、中跑、长跑、跨栏跑、接力跑、马拉松跑。短跑有男女100米、男女200米、男女400米；跨栏跑有男子110米栏、女子100米栏、男女400米栏以及男子

3 000米障碍;中跑有男女 800 米、男女 1 500 米;长跑有男女 5 000 米、男女 10 000 米;男女马拉松属超长距离跑。接力跑有男女 4×100 米接力、男女 4×400 米接力。

3) 跳跃项目:包括男女跳高、男女跳远、男女三级跳远、男女撑杆跳高。

4) 投掷项目:包括男女铅球、男女标枪、男女铁饼、男女链球。

5) 全能项目:有男子十项全能、女子七项全能。

(1) 女子七项:100 米栏、跳高、铅球、200 米、跳远、标枪、800 米。

(2) 男子十项:100 米、跳远、铅球、跳高、400 米、110 米栏、铁饼、撑杆跳高、标枪、1 500米。

4. 规则:田径运动包括径赛和田赛两部分,通常将以时间(小时、分、秒)为单位计算成绩的项目叫"径赛",竞走和跑等所有周期性运动项目都属于这一类。而以远度和高度(米、厘米)为计量单位的项目称为"田赛",跳跃和投掷等非周期性运动项目均属此类。

2.4.6 射准类运动

1. 射击(Shooting)

1) 定义:使用不同规格的枪支对各种预先设置的目标进行射击,以命中精确度或靶数计算成绩的一项体育运动项目。

2) 起源:近代射击运动从军用射击和狩猎射击演变而来,早在 15 世纪,瑞士就举办过一次火绳枪的射击比赛,随着科学技术的发展,枪也从前装枪发展到后装枪,从军用枪支到专供射击运动的各类枪支,射击精确度的提高,为开展射击运动创造了良好的条件。1896 年第 1 届奥运会就设有此项目,1897 年世界锦标赛开始比赛,每 4 年 1 届。多向飞碟 1900 年第 2 届奥运会开始列为比赛项目。1972 年标准速项目列为奥运会项目。1972 年第 20 届奥运会开始允许女子参赛但不设女子项目。1984 年第 23 届奥运会首次设立女子项目。1996 年第 26 届奥运会开始男、女分设项。

3) 比赛:

(1) 世界锦标赛;

(2) 各洲际比赛;

(3) 奥运会。

4) 规则:穿特制的衣服负荷 5～8 公斤的枪支。在标准速项目比赛中,射手采用无依托立姿,先取预备姿势,待目标出现后才能举枪射击,先射 30 发慢速,再射 30 发快速。两种速度射击的命中环数相加为该项目的最后成绩。

(1) 移动靶射击(Moving Target Shooting) 用小口径步枪立姿向距离 10 米奔驰的跑兽靶射击,以命中靶心环数计成绩。早期跑兽靶安装在滑车上,用人力带动后靠惯性前进,现多用电动操纵,靶的兽形及枪支、规则等曾经多次改变,1900 年第 2 届奥运会的移动靶为跑猪,1908—1956 年历届奥运会为跑鹿,使用不超过 8 毫米的大口径步枪射击，距离为 100 米，此后奥运会取消了该项目的比赛，1966 年世界射击锦标赛设跑猪靶，用小口径步枪射击，距离为 50 米，跑猪从 10 米目标显示区的一端跑至另一端，分快速(2.5 秒)和慢速(5 秒)两种，比赛有标准速和混合速两项。

(2) 飞碟射击(Clay Pigeon Shooting) 包括多向飞碟、双向飞碟和双多向飞碟。飞碟射击模仿猎取飞禽，最初曾以活鸽为射击目标，后来以泥制物代替活鸽，因而称为泥鸽，现代泥鸽射击的靶用沥青、石膏等物混合压制而成，形状像碟子，直径 110 毫米，故中国称为飞碟。飞碟射击使用口径不超过 12 号的霰弹猎枪，子弹内装有不超过 24 克重的球形小铅丸，比赛时，抛靶机将飞碟抛向空中，射手依次在不同位置射击，以击碎碟靶为命中，命中靶数多者为胜。

① 多向飞碟：又称奥林匹克飞碟，靶场为长方形，设 15 台抛靶机，每 3 台为一组，每组 3 台抛靶机抛出高度和方向均不相同的碟靶，比赛时，6 名射手为一组，按顺序轮流在 5 个射击位置各射击 1 个靶，第 1 发未命中，可再射第 2 发。

② 双向飞碟：靶场为扇形，设有 8 个射击位置，两端各设高、低抛靶房一座，每个靶房内设有 1 台抛靶机。比赛时，各向固定方向抛射碟靶，每次抛单靶或双靶，6 名运动员分别从 1 号射击位置开始，射完规定靶数后进入下一位置。射击位置又有射击单靶和既射单靶又射双靶之分，8 个位置共射 25 个靶为一组，男子共射 125 个靶，分 2 天进行，女子共射 75 靶，1 天赛完，原为男女均可参加的混合项目，1996 年奥运会改为男子项目。2000 年奥运会增设女子项目。

③ 双多向飞碟：只使用多向飞碟靶场中 7、8、9 号靶机，比赛时，抛靶机一次抛双靶，6 名运动员轮流进入 5 个射击位置，男子射 25 个双靶，女子射 20 个双靶为一组，全部比赛男子共射 150 靶，女子 120 靶，1 天赛完。

(3) 手枪

① 男子手枪慢射：用小口径自选手枪对距离 50 米的靶射击 60 发子弹，包括试射在内的总时限为 2 小时。1896 年被列为奥运会比赛项目。

② 男子手枪速射：用小口径速射手枪对距离 25 米的靶射击 60 发子弹，每组 5 发，按 8 秒、6 秒、4 秒的射击时间顺序先各射两组，共 30 发子弹，然后再按相同方法进行第二轮 30 发子弹的射击，在规定时间内射完。两组成绩相加之和为总成绩，以总成绩评定名次。1896 年被列为奥运会比赛项目。

③ 男子气手枪：用 4.5 毫米口径气手枪对距离 10 米的靶射击 60 发子弹，分 6 组，每组 10 发，包括试射在内的总时限为 2 小时 45 秒。1988 年被列为奥运会比赛项目。

④ 女子运动手枪：又称手枪慢射加速射。用小口径自选手枪对距离 25 米的靶射击 30 发子弹，每组 5 发，共 6 组，每组时限 6 分钟。慢射结束后，用小口径速射手枪对距离 25 米的靶射击 30 发子弹，每组 5 发，共 6 组。慢射、速射成绩之和为总成绩，以总成绩评定名次。1984 年被列为奥运会比赛项目。

⑤ 女子气手枪：用 4.5 毫米口径气手枪对距离 10 米的靶射击 40 发子弹，每组 10 发，共 4 组，包括试射在内的总时限为 1 小时 15 分。1988 年被列为奥运会比赛项目。

(4) 步枪：1924 年法国首次举行女子小口径步枪比赛。1929 年瑞典举行小口径步枪世界锦标赛，采用卧、立 2 种姿势。1930 年起改为卧、跪、立 3 种姿势。步枪项目的共同特点是射击时间长、速度慢、精度高，要打好几个小时，人们称它为“射击马拉松”。

奥运会比赛项目有：

① 男子小口径步枪 3×40：使用小口径步枪按卧、立、跪 3 种姿势的顺序，向距离 50 米的靶位各射 40 发子弹，包括试射在内的总时限为 3 小时 45 分。1952 年被列为奥运会比赛项目。

② 男子小口径步枪 60 发卧射：用卧姿向距离 50 米的靶射 60 发子弹，包括试射在内的总时限为 1 小时 30 分。1908 年被列为奥运会比赛项目。

③ 男子气步枪 60 发立射：用立姿向距离 10 米的靶射 60 发子弹，包括试射在内的总时限为 1 小时 45 分。1984 年被列为奥运会比赛项目。

④ 女子标准步枪 3×20：用小口径标准运动步枪按卧、立、跪 3 种姿势的顺序向距离 50 米的靶各射 20 发子弹，包括试射在内的总时限为 2 小时 15 分。1984 年被列为奥运会比赛项目。

⑤ 女子气步枪 40 发立射：用立姿向距离 10 米的靶射 40 发子弹，包括试射在内的总时限为 1 小时 15 分。1984 年被列为奥运会比赛项目。

2. 射箭(Archery)

1) 定义：利用弓箭将箭射击、射准，在规定的距离内比赛准确性的一项体育运动项目。

2) 起源：射箭是一项古老的技艺，火器发明以前，弓箭不仅是狩猎的工具，而且也是作战的有力武器，随着火器的发明，这种原始生产和作战的工具逐渐失去原有的实用意义，而渗入了不少体育运动因素。它起源于英国，17 世纪传入美国。1900 年第 2 届奥运会开始列为比赛项目，女子项目曾列入 1904 年第 3 届奥运会比赛，后被取消，1972 年第 20 届奥运会恢复。

3) 比赛：

(1) 奥运会；

(2) 世界锦标赛；

(3) 各洲际比赛。

4) 规则：

比赛共设 16 个项目：

男子八项：单轮团体、全能、90 米、70 米、50 米、30 米；室内 18 米、25 米。

女子八项：单轮团体、全能、70 米、60 米、50 米、30 米；室内 18 米、25 米。

项目:射准射箭,室内射箭,野外射箭。

5) 场地器材:

场地:比赛场地必须平坦,南北向长130米左右,宽约150米,射程男女均为70米。

器材:弓是由弓把、弓面及一对顶端带环扣的弹性弓翼组成,弓弦可用涤纶线或其他材料制作,箭包括箭头、箭杆、箭扣和箭羽,制作材料不限,靶可用纸、布等材料制作,上有黄、红、蓝、黑、白5个等宽同心圆区,靶心最高环数为10环,以射中环数总和计成绩,环数多的名次列前。

2.4.7 其他

1. 击剑(Fencing)

1) 定义:两人手持特制的剑,在规定的场地、时间和剑数内,以刺劈动作进行格斗的运动。剑本是古代普遍使用的一种兵器,其形制在各国各地区都有所不同,并随着历史的发展不断变化。击剑运动所使用的剑源于欧洲,分花剑、重剑、佩剑3种。

2) 起源:击剑运动历史悠久,器材由古代冷兵器演变而来。始于古代的决斗,盛行于西欧各国。古罗马以你死我活的格斗,取悦奴隶主。对击剑比赛最早的描绘见于埃及卢克索附近马迪纳特·哈布神庙内的一件浮雕,该神庙为公元前1190年前后埃及法老拉美西斯三世所建。欧洲中世纪时,剑是贵族、骑士随身必备的武器,剑也从笨重变得轻灵。为了提高剑术,欧洲各国还出现许多传授击剑术的行会和学校。现代击剑器材是由古代兵器演变而来。1776年法国人拉博西叶尔发明了护面,使击剑成为一项有意义的运动,也使击剑运动进入崭新的时代。后来轻器械逐渐替代笨重的器械,形成剑尖只作进攻,剑身只作防守的花剑和重剑,19世纪末意大利人G.拉达耶利发明既能刺又能劈的佩剑。1882年法国出现第一个击剑协会,1896年第1届奥运会进行了男子花剑和佩剑的个人比赛。1900年第2届奥运会增设男子重剑个人比赛。1914年6月制定了各剑种统一的国际规则。1924年第8届奥运会开始增设女子花剑个人比赛项目。电动裁判器的发明,消除了裁判工作中许多人为的差错,促进了击剑运动的发展。1931年重剑、1955年花剑、1989年1月1日佩剑均开始在比赛中使用电动裁判器。

3) 比赛:

(1) 奥运会;

(2) 世界锦标赛;

(3) 各洲际比赛。

4) 规则:

击剑比赛分为个人赛和团体赛,男子有花剑、重剑、佩剑,女子有花剑、重剑,奥运会女子只设花剑。

花剑、重剑、佩剑裁判器能将运动员被击中的信号用灯光显示出来。花剑裁判器有

4 个灯，一侧是白灯和红灯，另一侧是白灯和绿灯，白灯显示击中无效部位，红、绿灯显示击中有效部位，相互击中在 2 秒钟之内两侧灯都显示，裁判员根据优先裁判权规则进行判决。重剑、佩剑裁判器只有红灯和绿灯，同侧灯显示同侧运动员被击中。

(1) 花剑(Foil)：又称轻剑。17 世纪为配合当时的服装，在法国宫廷出现一种短而轻的剑，即是花剑的前身。剑条用弹性钢材制作，比赛用剑全长不超过 110 厘米，重量不超过 500 克，由剑柄、剑身和护手盘组成，剑柄最长 20 厘米，其构造可分为直柄式(法国式)、横梁式(意大利式)和手枪式(比利时式)3 种形式，但不得包含能够增强护手盘对运动员的手或手腕起保护作用的装置，剑身最长 90 厘米，用钢材制成，具有一定的柔韧性，棱边应打磨使其不锋利，护手盘为圆形，装于剑身与剑柄之间，最大直径为 12 厘米，不得偏心，电动花剑的剑头弹簧必须承受的压力大于 500 克。

比赛时：

① 为使裁判器显示信号，剑身前端包有 15 厘米长的绝缘物，剑柄与剑身、护手盘绝缘。花剑只能刺，不能劈打，刺中有效部位为身体的躯干部分，四肢与头部均为无效部位。剑身与剑柄间有直径 12 厘米的圆形护手盘。

② 运动员必须穿能覆盖有效部位的金属背心，击中金属背心时电动裁判器显示彩色灯，击中无效部位显示白色灯，互相击中时，主裁判按优先裁判权规则进行判决，如双方同时进攻。又同时击中(或一方未中)无效部位，不作判决。花剑较轻便，刺中有效部位面积小，多突出技术和技巧。1955 年起使用电动裁判器。奥运会有男子个人(1896 年列入)、团体(1904 年列入)，女子个人(1924 年列入)、团体(1960 年列入)4 个比赛项目。

(2) 佩剑(Sabre)：系意大利人拉达那利(G. Radaelli)于 19 世纪末从匈牙利骑兵使用的一种弯曲佩剑发展而来。剑条为钢制，有刃与背，由剑柄、剑身和护手盘组成。剑全长不超过 105 厘米，其中剑身最长 88 厘米，剑柄最长为 17 厘米，剑重不超过 500 克，剑身为钢材制成，有剑刃和剑背。护手盘为圆形，其剑刃一侧成月牙形用以保护手指。可以用剑尖刺，也可以用剑刃、剑背劈打，但禁止用护手盘劈打，劈、刺的有效部位是腰带以上的上肢、头部、颈部和躯干。

比赛时：

① 运动员必须穿金属衣、戴外面导电的护面，有一条导线连接护面和金属衣，当击中有效部位时，电动裁判器显示彩色灯，击中无效部位不显示信号，当双方相互击中有效部位时，主裁判按优先裁判权进行判决，若双方同时进攻，又同时击中有效部位(裁判器两侧均亮彩灯)时，应判“互中”，第一次“互中”，裁判员向双方同时提出警告，如警告后再出现“互中”时，裁判员采取抽签法确定某方为先享有一次再“互中”时的优先裁判权，享有优先裁判权的甲方再遇到“互中”时，可得 1 分，如甲方没有击中乙方，而被乙方击中有效部位，则乙方得 1 分，抽签后不论是因为“互中”或其他行动而判一方被击中 1 剑时，“互中”的优先裁判权就转换给对方，如再判一方被击中，则优先裁判权结束，当再次出现

“互中”时又重新抽签确定优先裁判权。

② 佩剑动作幅度大、速度快，对运动员的应变能力要求很高。1989年起使用电动裁判器。奥运会仅设男子项目，有个人(1896年列入)、团体(1908年列入)2项。奥运会仅设男子项目，有个人(1896年列入)、团体(1908年列入)2项。

(3) 重剑：出现于19世纪中叶，起初主要用于格斗。剑条为钢制，三菱形，全长不超过110厘米，重至多170克。剑身与剑柄间有直径13厘米的圆形护手盘，只准刺，不得劈打。有效部位为全身，手臂、腿、脚是主要攻击目标。1931年起使用电动裁判器。奥运会有男子个人(1900年列入)、团体(1908年列入)，女子个人(1996年列入)、团体(1996年列入)4个比赛项目。

5) 场地器材：

重剑：剑身较重，770克，长110厘米；场地：长18米，宽1.8～2米。

花剑：剑身较轻，550克，长110厘米；场地：长14米，宽1.8～2米。

佩剑：剑身重500克，长105厘米，比赛时可以刺，又可以劈。

团体赛每队3人，比赛场地必须平整，宽度为1.50～2.00米，长度为14米，设中线，两条高出中线2米的准备线及两条高出中线7米的端线。

2. 自行车(Cycling)

1) 定义：以自行车为工具比赛骑行速度的竞赛项目。

2) 起源：起源于欧洲。1790年，法国西弗拉克伯爵发明世界上第一辆自行车，将两个轮子装在木马上，人骑在上面用脚蹬地前行，称木马轮；将实心轮胎改为充气橡皮轮胎是由英国人J. B. 邓洛普在1888年发明的。1874年英国的劳森(H. J. Lawson)在自行车上采用了链条传动结构。1868年5月31日法国的圣克劳德公园举行了自行车比赛，这是有记载的最早的自行车比赛。

3) 比赛：1896年开始列为奥运会项目。

(1) 世界锦标赛；

(2) 世界青年锦标赛；

(3) 世界和平自行车赛；

(4) 各洲际比赛；

(5) 奥运会。

4) 规则：

(1) 场地赛：在赛车场进行。赛车场为椭圆盆形，跑道用硬木、水泥或沥青筑造，跑道周长分400米、250米和333.33米，其中333.33米为国际标准场地。跑道宽5～9米，弯道坡度25～45度。所用自行车应为死飞轮，不得安装变速装置和车闸。奥运会比赛项目有追逐赛、计时赛、计分赛、争先赛。

追逐赛——分个人和团体项目。

① 个人追逐赛：出发时，2 名运动员分别位于跑道正中的起、终点线上，枪响同时出发，互相追逐。在规定的距离内，如后面的运动员追上前面的运动员或与之并排，被追上或并排者淘汰，未被追上，则以到达终点的时间决定胜负。获胜者参加下一轮比赛。

② 团体追逐赛：每队 4 名运动员参加。比赛时，运动员之间保持 1 米左右的距离，呈梯形队站立，枪响同时出发。如一队的第三名运动员追上另一队的第三名运动员或与之并排，被追上或并列的队淘汰。如未追上，则以各队第三名运动员到达终点的成绩判定名次。每队必须有 3 名运动员到达终点方可计算成绩。现奥运会比赛项目有男子4 000米个人追逐赛（1964 年列入）、4 000 米团体追逐赛（1920 年列入），女子 3 000 米个人追逐赛（1992 年列入）。

计时赛——1889 年由彼德莱设计。

以运动员到达终点的时间排列名次。比赛时运动员在同一起点单个原地出发，抽签决定出发顺序。出发犯规后，5 人重新出发，再次犯规取消比赛资格。以每名运动员到达终点的成绩判定名次，优者列前。如成绩相等，则名次并列。奥运会仅设男子 1 000 米计时赛，1928 年被列为比赛项目。

计分赛——又称积分赛。

比赛前先抽签排列顺序，指定 1 名领骑者。比赛时由领骑者领骑一圈，到达起点线时，发令员鸣枪，比赛正式开始。每 5 圈录取前 4 名计分，第 1 名得 5 分，第 2 名得 3 分，第 3 名得 2 分，第 4 名得 1 分。半程和终点计分加倍。以运动员比赛中的总得分排列名次。奥运会仅设男、女 50 公里个人计分赛，分别于 1984 年和 1996 年被列为比赛项目。

争先赛——又称速度赛。

一般排定 2～4 名运动员同时原地出发，计最后 200 米的时间，首先通过终点者为胜。男、女 1 000 米争先赛分别于 1920 年和 1992 年被列为奥运会比赛项目。

（2）公路赛：在有各种地形变化的公路上举行。奥运会设有公路个人赛和公路团体赛。

公路个人赛——选择环行或往返路线。

路面要有起伏和斜坡，起、终点应尽可能设在同一地点。赛程男子 170～200 公里，女子 60～84 公里。比赛时所有运动员位于起点线集体出发，以运动员到达终点的顺序排列名次。男、女个人赛分别于 1896 年和 1984 年被列为奥运会比赛项目。

公路团体赛——选择比较平坦的路面。

途中应设转折点，起、终点应在同一地点。每队 4 人，在起点线成横排出发。队与队之间的出发间隔为 2～3 分钟。每队必须有 3 名运动员到达终点，并以第三名运动员到达终点的成绩判定名次。如成绩相等,则以该队第一名到达终点的成绩判定名次。奥运会仅设男子团体赛,1912 年被列为比赛项目。

(3) 越野赛:始于法国。20 世纪 50 年代,一些自行车运动员厌倦了在现代化公路上枯燥的训练和比赛,他们到丘陵地带寻找新的环境、新的挑战,于是一种全新的运动方式产生了。自行车越野应骑山地车,据传,美国加利福尼亚大学学生斯科特(James Finley Scott)是第一位将普通自行车改装成山地车式样的人。以后越野运动逐渐在欧洲流行,并形成赛事。1990 年国际自行车联盟承认了这项运动,1991 年首次举行世界杯赛。越野赛应选择崎岖不平、有天然障碍的路面,必要时设置人工障碍。赛程男子 40～50 公里,女子 30～40 公里。比赛时各队从左至右排成一路纵队集体出发,以到达终点的时间判定名次。男、女个人越野赛均于 1996 年被列为奥运会比赛项目。

3. 铁人三项(Triathlon)

1) 定义:由游泳、自行车、马拉松三个单项组成的综合性运动项目。

2) 起源:起源于美国。1978 年 2 月 18 日在美国夏威夷举行,由美国海军准将约翰·柯林斯提议。当时一群体育爱好者聚集在夏威夷的一家酒吧里争论当地举办渡海游泳赛、环岛自行车赛、檀香山马拉松赛哪个项目最有刺激性、挑战性、最能考验人的意志和体能。美国海军中校科林斯(John Collins)提出,谁能在一天内先在海里游 3.8 公里,然后乘自行车环岛骑行 180 公里,再跑完 42.195 公里的马拉松全程,中途不得停留,谁就是真正的铁人。科林斯的想法得到大家的支持。第二天,有 15 人参加比赛,其中还有 1 位女选手。结果有 14 人赛完全程。第一名的成绩是 11 小时 46 分。该次比赛后被追认为首届世界铁人三项锦标赛。最初仅在夏威夷和加利福尼亚流行,后逐渐在澳大利亚、新西兰、西班牙、法国、英国、日本、中国等国家广泛开展。

3) 比赛:铁人三项有不同距离的比赛。2000 年悉尼奥运会首次将铁人三项列为奥运会比赛项目。

(1)夏威夷铁人三项锦标赛游泳 3.8 公里,自行车 180 公里,马拉松 42.195 公里。

(2)尼斯世界铁人三项锦标赛游泳 3.04 公里,自行车 120 公里,长跑 29.44 公里。

(3) 世界铁人三项锦标赛游泳 3.8 公里,自行车 179.2 公里,长跑 42.195 公里。这也是铁人三项比赛的标准距离,按游泳、自行车、长跑的顺序进行。

(4) 奥运会游泳 1.5 公里,自行车 40 公里,马拉松 10 公里。

4) 规则:在比赛期间,观众只能沿途观看比赛,只有骑摩托车的裁判和摄像人员被允许进入运动员比赛的道路,在自行车比赛和长跑比赛中,组委会将会为运动员设立临时的饮用水补给站。

4. 马术(Equestrian)

1) 定义:在马上进行或驾驭马车进行的运动项目。

2）起源：公元前1 500年古埃及人已经开始了骑马竞赛活动。古罗马时代人们也在竞技场上开始把骑马竞赛作为一项娱乐。在古奥运会第23届上就有记载有马加入的竞赛项目。6世纪欧洲出现了现代马术，后来在印度、澳大利亚也开展赛马运动，8世纪末，马术已形成了单独的运动项目。但是我们现在所熟悉的马术运动的雏形是在16世纪的欧洲出现的。直到18世纪末马术才成为了一个独立的体育项目。

3）比赛：1900年的第2届奥运会上马术便被列为正式的比赛项目。奥运会的马术比赛共设3项6枚金牌。它们是障碍赛（个人、团体）；盛装舞步赛（个人、团体）；三日赛（个人、团体）。

（1）障碍赛（Equestrian/Jumping）：障碍赛又称民族杯赛，比赛中参赛的马匹和选手必须在指定的时间内越过设在场地内的6到14个障碍，尽量减少失误。如果选手在比赛中碰掉横杆、马匹拒跳、超时等等失误都会导致失分。比赛的胜利属于累计式失分最少的运动员。这项比赛形式多样、内容丰富，吸引了世界各地许多人的喜爱。

（2）盛装舞步赛（Equestrian/Dressage）：也称花样骑术赛。这项比赛要求骑手骑马在长60米、宽20米的场地里让马表演各种规定动作和高级步伐，比赛在2分钟内完成。这项比赛要求马匹在变换动作的时候轻松自然，要求骑手在给马匹指示的时候尽量动作要小，要不易察觉，人马尽量协调一致，以此显示人与马的完美配合。裁判员根据骑手完成动作的情况进行评分，并以得分多少来评定名次。

（3）全能项目"三日赛"：三日赛综合全能马术赛，是测验骑手跟马匹的综合能力的。比赛分三部分并在3天内进行，故称作"三日赛"。

第一天进行盛装舞步的比赛，基本包括步伐和步幅姿态等，但是三日赛中的盛装舞步要比单独的盛装舞步比赛简单得多。

第二天进行速度、耐力和越野能力比赛，即越野赛。比赛的全程分成五段，骑手必须在规定时间内到达终点，裁判员根据所用的时间长短来评定名次。

第三天进行的是障碍赛，内容基本上和障碍赛的单项比赛相同，只是程度要浅一些。

马术三日赛是马术比赛中最艰苦也是最考验骑手与马匹的比赛项目，比赛中充满了危险和刺激，是奥运会马术比赛中最难拿到金牌的项目。

5. 武术（Martial Arts）

1）定义：一项以攻防技能为内容，以套路和搏斗为运动形式，注重内外兼修的中国传统体育。

2）起源：中国。

3）比赛：中国1936年组队赴柏林参加第11届奥运会进行表演，1990年第11届亚运会（北京）成立国际武术联合会。

（1）拳术类：太极、形意、八卦、南拳、通臂、劈挂、翻子、地躺、象形、查拳、花拳、炮拳、红拳、华拳、少林拳。

(2) 器械类

① 短:刀、剑、匕首;

② 长:枪、棍、大刀、朴刀;

③ 双器:双剑、刀、钩、双头枪、双戟;轻器;

④ 九节鞭、梢子棍、三节棍、双鞭、流星锤、绳镖。

(3) 对练类

① 徒手:打拳、擒拿;

② 器械:劈刀、刺剑、扎枪、打棍、单刀进枪、双刀进枪、朴刀进枪、三节棍进枪;

③ 徒手与器械:空手夺枪、夺匕首,空手破双枪。

(4) 集体项目:6人以上各种拳术或器械的集体演练。

(5) 对抗项目:各种由2人按一定规则进行的搏击运动,如散手、太极推手、短兵、长兵。

4) 场地器材:场地长14米,宽8米,铺地毯。

(1) 枪:男子2.29厘米,女子2.13厘米;

(2) 剑:男子0.6公斤,女子0.5公斤;刀:男子0.7公斤,女子0.6公斤;

(3) 棍:等于本人身高。

6. 现代五项(Modern Pentathlon)

1) 定义:由击剑、游泳、射击、越野跑和马术5个单项组成的综合运动项目。

2) 起源:现代五项运动为现代奥林匹克运动创始人P. 顾拜旦所创造。18世纪末期,顾拜旦致力于恢复奥林匹克运动的同时,主张在奥运会比赛中增加一项难度大的比赛,而这个项目应该包括不同的运动项目,以建立一种与专门化相对立的全面体育系统。项目设计模仿拿破仑时代信使穿越战场所经历的活动:先骑马穿越村庄,游过一条挡住去路的河,上岸后又使用剑和手枪与遭遇的敌人搏斗,最后跑过田野完成任务。随着时间的推移,现代五项比赛规则和计分方法都有许多变化,但顾拜旦所提出的5个项目仍保持到现在。

3) 比赛:1911年国际奥委会瑞典委员巴尔克建议设立符合军队特点的比赛项目。1912年将现代五项作为惟一的军事项目列入奥运会比赛,但仅限军队中的军官参加。1949年国际奥委会取消这一限制。比赛按击剑、游泳、射击、越野跑和马术的顺序在连续4天内赛完。

奥运会的现代五项比赛分个人和团体两类:个人赛是以单项得分的总和计算个人成绩,得分多者名次列前,男子现代五项于1912年,女子现代五项于2000年被列为奥运会比赛项目;团体赛以各队成绩最好的4名运动员计算团体总分,总分多者名次列前,男子团体赛于1952年被列为奥运会比赛项目。

4) 规则:现代五项比赛分4天进行(若增加接力赛,赛期为6天),第1天击剑,第2

天射击和游泳，第3天越野跑，第4天马术，每个运动员必须参加全部比赛，按规则规定的计分方法5项得分总和排列名次，团体比赛不另进行，按各参加国个人成绩总和排列团体名次。

(1) 击剑：使用重剑，实行大循环赛，所有参赛者要互相进行决斗。每场比赛3分钟一剑定胜负。

(2) 游泳：男子为300米自由泳，女子为200米自由泳，游泳比赛的出场次序是根据运动员前一项成绩作反向次序安排(即成绩差者先进行比赛)。男子以3分54秒、女子以2分40秒游完全程得1 000分，超过0.5秒者减少4分，节约0.5秒者增加4分。

(3) 射击：使用5.6毫米口径手枪，距离靶标25米处射20发子弹，每5秒发射1组。选手可能获得的最高成绩是200环，按现代五项评分表规定，参赛者射中182环时得1 000分，如射中环数大于或小于这个分数，便以每环15分的分值从1 000分中增加或减去。

(4) 越野跑：越野跑比赛的路线应是有坡度和高低不平的地段，但避开危险障碍和陡坡。男子距离4 000米，以14分15秒跑完全程得1 000分。女子2 000米，以7分40秒跑完全程得1 000分。

(5) 马术：马术比赛是在规定路线上越过按顺序设置的15道障碍(同时完成18次跳跃)，比赛路线的总长度为6 000米，路线上设置的障碍物为横木栏栅、木杆栏栅、横木、篱笆、石墙、平行双杠型宽障碍等，按骑手运动的平均速度计算，规定通过路线的标准速度为每分钟360米，以各项总分排列名次，得分多者名次列前。

2.4.8 冰上运动

1. 滑冰(Skating)

1) 速度滑冰(Speed Skating)

(1) 定义：在规定距离内以竞速为目的的运动项目。

(2) 起源：滑冰运动中历史最为悠久，开展最为广泛的项目。

(3) 比赛：1763年2月4日在英国首次举行15公里速度滑冰赛。1889年在荷兰的阿姆斯特丹首次举办世界冠军赛。男、女速滑分别于1924年、1960年被列为冬奥会比赛项目。

男子：500米(1924年列入)；
1 000米(1976年列入)；
1 500米、5 000米、10 000米(均为1924年列入)。

女子：500米、1 000米、1 500米、3 000米(均为1960年列入)；
5 000米(1988年列入)。

(4) 规则：比赛在周长400米的跑道上进行，跑道由两条直线和两条180度的弧线连接而成，分内、外两道，道宽5米。内跑道的内圈半径为25米，外跑道的内圈半径为30米。比赛时每组2人，同时滑跑，每滑1圈交换1次内、外道。

2）短跑道速度滑冰(Shorttrack Speed Skating)

(1) 定义：在室内进行的速度滑冰比赛，简称短道速滑或短跑道速滑，是速度滑冰发展演变的分支，但已自成独立的竞赛项目。

(2) 起源：起源于加拿大。19世纪80年代，加拿大修建室内冰球场，一些速度滑冰爱好者经常到室内冰球场练习。及至19世纪90年代中期，加拿大的蒙特利尔、魁北克、温尼伯等城市相继出现室内速度滑冰比赛。1905年加拿大首次举行全国短道速滑锦标赛，后逐渐在欧美国家广泛开展。1969年加拿大在第33届国际滑冰联盟代表大会上，向与会代表散发了《短跑道速度滑冰规则》，1975年国际滑冰联盟成立短跑道速度滑冰技术委员会。1976年首次在美国伊利诺伊州的尚佩思举行国际短道速滑赛。1981年起举办世界短道速滑锦标赛。

(3) 比赛：1992年被列为冬奥会比赛项目。

男子：500米(1994年列入)；

1 000米(1992年列入)；

5 000米接力(1992年列入)。

女子：500米(1994年列入)；

1 000米(1994年列入)；

3 000米接力(1992年列入)。

(4) 规则：比赛场地面积为30米×60米，跑道每圈长111.12米，采用分组预、次、复、决赛的淘汰制，抽签决定道次。比赛出发时，多名运动员在一条起跑线上同时起跑，滑行过程可以随时超越对手。比赛时运动员必须头戴护盔，手戴防护手套，身穿长袖连身服，冰刀后跟必须呈圆弧形。

3）花样滑冰(Figure Skating)

(1) 定义：在音乐伴奏下，在冰面上滑出各种图案，表演各种技巧和舞蹈动作的运动。

(2) 起源：起源于18世纪的英国，后相继在德国、美国、加拿大等欧美国家迅速开展。1772年英国皇家炮兵中尉约翰逊(Robert Johnson)撰写的《论滑冰》在伦敦出版，这是世界上出版的第一部涉及到花样滑冰的书籍。1863年美国芭蕾舞表演艺术家海因斯(Jackson Haines)将滑冰运动与舞蹈艺术融为一体，在欧洲巡回表演，丰富了花样滑冰的内容和形式。1868年美国的丹尼尔·梅伊(Daniel Mey)和乔治·梅伊(George Mey)首次表演双人滑，这是世界上有记载的最早的花样滑冰表演。

(3) 比赛：1872年奥地利首次举办花样滑冰比赛。1896年在俄国彼得堡举行首次世界男子单人花样滑冰锦标赛，1906年在瑞士达沃斯举行首届世界女子单人花样滑冰锦标赛，1952年在法国巴黎举行第一次世界冰上舞蹈锦标赛。1924年被列为首届冬奥会比赛项目。有男、女单人滑(1924 年列入),男女双人滑(1924 年列入)和冰上舞蹈(1976 年列入)4 个比赛项目。每个国家和地区每项限报 3 人(队)。

比赛项目:单人滑、双人滑、冰上舞蹈。

(4) 规则:

① 单人滑:分男子单人滑和女子单人滑。比赛按短节目和自由滑的顺序进行,第 1 天短节目,第 2 天自由滑。

短节目:运动员必须在 2 分 40 秒的规定时间内完成一套由跳跃、旋转、联合跳跃、联合旋转共 8 个动作和连接步编排而成的节目。裁判员首先根据运动员完成动作的质量、难度评定规定动作分,然后根据内容编排的均衡性、音乐的一致性,以及速度、姿势、音乐特点表达等评定表演分。每项满分均为 6 分,两项分数相加之和为运动员得分。得分多者名次列前。

自由滑:运动员自选音乐,男子在规定的 4 分 30 秒,女子在规定的 4 分钟内完成一套编排均衡,由跳跃、旋转、步法以及各种姿势组成的滑行动作。裁判员根据运动员动作的难度、数量、质量以及内容编排、音乐配合、姿态、表情、独创性、场地利用等评定技术水平分和表演分。其评分和确定名次的方法同短节目。

② 双人滑:由一男一女配对参赛。比赛按双人短节目和双人自由滑的顺序进行,第 1 天双人短节目,第 2 天双人自由滑。

双人短节目:运动员自选音乐,在 2 分 40 秒的规定时间内完成一套双人短节目规定动作,每个动作只允许做 1 次,附加动作扣分。裁判员根据运动员完成动作的质量、完成情况以及内容的编排、音乐的配合等评定规定动作分和表演分。

双人自由滑:运动员自选音乐,在规定的 4 分 30 秒钟内完成一套自编动作。裁判员根据运动员完成动作的难度、质量、动作编排、音乐配合,以及姿态、表情、独创性、场地利用等评定技术水平分和表演分。其评分和确定名次的方法同单人滑。

③ 冰上舞蹈:起源于花样滑冰,始于 20 世纪 30 年代的英国。偏重舞步,强调用动作表达音乐。1937 年英国举办首届冰上舞蹈锦标赛,1949 年起被列为单独比赛项目。由一男一女配对参赛。比赛按规定舞、创编舞和自由舞的顺序进行,第 1 天规定舞、第 2 天创编舞、第 3 天自由舞。

规定舞:根据规定的音乐、图案、步法和重复次数完成动作。规定舞共有 22 套,国际滑冰联盟用抽签方法确定两套作为下年度的比赛项目。裁判员根据运动员完成动作的质量和姿势评定技术分和表演分。

创编舞:又称定型舞。运动员按规定的韵律自选音乐,在规定的时间内完成一套自编的舞蹈步法和图案。裁判员根据运动员完成动作的情况评定编排分和表演分。

自由舞:运动员自选音乐,在规定的 4 分钟内完成由各种步法、托举、小跳、姿势、握法等动作组成的自编舞蹈,裁判员根据运动员完成动作的质量、风格和创新等评定技术分和艺术印象分。冰上舞蹈的评分和确定名次的方法同单人滑。

(5) 场地:花样滑冰的冰场长 56～61 米,宽 26～30 米,冰的厚度不少于3～5厘米。

2. 滑雪(Skiing)

1) 速度滑雪(Speed Skiing)

(1) 定义:手持雪杖、足蹬滑雪板在雪地上进行速度滑行的冬季运动项目。

(2)起源:起源于美国。1870 年美国的托德(Tommy Todd)蹬着滑雪板从加利福尼亚陡峭的拉波泰山坡上疾驰而下,后一些高山滑雪爱好者开始仿效,并传入欧洲。1931 年成为比赛项目,当时男子的最好成绩为每小时 136.600 公里。1992 年男子世界纪录达到每小时 229.299 公里,女子世界纪录也达到每小时 219.245 公里。

(3) 比赛:1992 年被列为冬奥会表演项目。

(4) 规则:速度滑雪必须在专门的雪道上进行,雪道要求笔直、平稳,由出发、加速、计速和减速 4 个区组成。比赛时运动员位于出发区起跑标志后,单个出发,两手用滑雪杖撑地,以最大限度获得初速度。以每位运动员 3 次试滑中的最好成绩判定名次,速度快者名次列前。

(5) 场地:滑雪场地坡长 1 740 米,起点与终点两者间高度差为 565 米。加速区长 25 米。计速区宽 50 米,长 100 米,前端有光电感应系统,后端有电子计速系统,测定运动员在计速区内的最高速度。减速区是一个逐渐向上的斜坡,便于运动员减速与停止。滑雪板长不得超过 2.50 米,宽不得超过 20 厘米。

2) 高山滑雪(Alpine Skiing)

(1) 定义:手持雪杖、足蹬滑雪板在雪地上快速降下的冬季运动项目。

(2) 起源:起源于北欧的阿尔卑斯地区,故又称阿尔卑斯滑雪。高山滑雪是在越野滑雪基础上逐步形成的。1850 年挪威的泰勒马克郡出现改变方向和停止滑行的旋转动作。1868 年挪威滑雪运动奠基人诺德海姆等人在奥斯陆滑雪大会上表演了侧滑和 S 形快速降下技术。1890 年奥地利的茨达尔斯基(Matthias Zdarsky)发明适合阿尔卑斯山地区特点的短滑雪板及滑行技术,1905 年他在维也纳南部的利林费尔德进行了高山滑雪史上第一次回转障碍降下表演。

(3) 比赛:1931 年起举办世界高山滑雪锦标赛。1936 年起被列为冬奥会比赛项目。现在冬季奥运会设男、女全能(1936 年列入)、速降(1948 年列入)、回转(1948 年列入)、大回转(1952 年列入)和超大回转(1988 年列入)。

(4) 规则:不同项目起点与终点的垂直高度差亦有不同。奥运会比赛每个项目每个协会限报 4 人。比赛采用单人出发,顺序抽签排定。

① 速降男子 800～1 100 米,女子 500～800 米;

② 回转男子 180～220 米,女子 140～200 米;

③ 大回转男子 250～450 米,女子 250～400 米;

④ 超大回转男子 500～650 米，女子 400～600 米。

3）自由式滑雪（Freestyle Skiing）

（1）定义：手持雪杖、足蹬滑雪板在雪地上完成各种技巧动作的冬季运动项目。

（2）起源：始于 20 世纪 60 年代，在高山滑雪基础上发展而成。1971 年在美国新罕布什尔州举行世界上第一次正式的自由式滑雪比赛。1975 年起举办世界杯自由式滑雪赛。1986 年在法国阿尔卑斯山的蒂恩镇举行了首届自由式滑雪锦标赛。

（3）比赛：1992 年起被列为冬奥会比赛项目，设男、女空中技巧（1994 年列入）和男、女雪上技巧（1992 年列入），男、女雪上芭蕾分别于 1988、1992 年被列为冬奥会表演项目。

（4）规则：

① 空中技巧：始于 20 世纪初。1928 年美国卡尔顿（John Carleton）成为世界上第一个穿着滑雪板完成雪上空翻动作的运动员。1958 年瑞士滑雪教练费尤雷尔（Art Fyurrer）在滑跳中完成空翻和转体动作。空中技巧运动员使用的滑雪板男子不短于 1.90 米，女子不短于 1.80 米。场地由出发区、助滑坡、过渡区一、跳台、过渡区二、着陆坡和终点区组成。比赛时每人试跳 2 次。裁判员根据运动员完成动作的质量评定空中动作分和着陆动作分，两者相加再乘以动作难度系数，即为 1 次试跳的得分，2 次试跳得分相加，得分多者名次列前。

② 雪上技巧：在设置一系列雪包的陡坡线路上进行回旋动作、空中动作以及滑降速度的比赛，包括单人雪上技巧和双人雪上技巧。雪上技巧场地长 200～270 米，宽15～25 米，坡度为 24 至 32 度。运动员使用的滑雪板男子不短于 1.90 米，女子不短于 1.80 米。以回转动作和空中动作质量分以及计时成绩分相加评定名次，得分多者名次列前。

③ 雪上芭蕾：1926 年德国高山滑雪运动员罗伊埃尔（Fritz Reuel）出版了世界上第一部有关雪上芭蕾的书《滑雪板上的新潜力》，1966 年美国著名高山滑雪运动员和理论家菲法尔（Daug Phifar）成立了世界上第一所雪上芭蕾学校。雪上芭蕾场地长 200～240 米，宽 35～45 米，坡度为 12 至 15 度。滑雪板不得短于运动员个人身高的 81%。裁判员根据运动员完成动作情况评定技术分和艺术效果分，以技术分和艺术效果分的总和判定名次，得分多者名次列前。

4）跳台滑雪（Ski Jumping）

（1）定义：足蹬滑雪板在一定高度表演飞跃动作的冬季运动项目。

（2）起源：起源于挪威，又称跳雪。1860 年挪威德拉门地区的两位农民在奥斯陆举行的首届全国滑雪比赛上表演了跳台飞跃动作，后逐渐成为一个独立项目并得到广泛开展，1879 年在奥斯陆举行了首届跳台滑雪比赛。1883 年被列入霍尔门科伦滑雪大奖赛。19 世纪末，先后传入瑞典、瑞士、美国、法国、意大利和波兰等国家。初期的跳台滑雪利用山坡等自然地形进行，19 世纪 80 年代开始出现土木结构的跳台。随着空中滑翔技术的提高，新的跳台设计也不断出现，1926 年瑞士在格劳宾登州的蓬特雷西纳建成 60 米级跳台，1927 年又在圣莫里茨建成 70 米级跳台。1925 年起举办世界跳台滑雪锦标赛。

(3) 比赛：1924 年被列为首届冬奥会比赛项目，现设 90 米级（原为 70 米级）、120 米级（原为 90 米级）和团体 3 个男子项目。

(4) 规则：比赛时每个国家单项限报 4 人，团体限报一个队 4 名运动员。以姿势分和距离分计算总成绩。姿势分由 5 位裁判根据运动员完成动作的准确性、完美性、稳定性以及整体稳定性打分，去掉最高分和最低分后，将剩下的 3 个分数相加，最高分为 60 分；距离分要根据 K 点距离确定每米分值，运动员的跳跃距离达到 K 点距离为 60 分，短于 K 点距离，将所短距离乘以每米分值，再从 60 分中减去，超过 K 点距离，将所超距离乘以每米分值，然后加上 60 分。两次比赛的姿势分与距离分之和为运动员的总分，得分多者名次列前。团体赛以各队 4 名运动员两次比赛所得分相加，得分多者名次列前。

(5) 场地：跳台由助滑坡、着陆坡、停止区组成。

5) 滑板滑雪（Snowboard）

(1) 定义：手持雪杖、借滑雪板或其他器具在雪上完成各种回转滑雪或回转障碍动作的冬季运动项目。

(2) 起源：源于 20 世纪 60 年代中期的美国，其产生与冲浪运动有关。

(3) 比赛：1993 年起举办世界锦标赛，1998 年被列入第 18 届冬奥会，设男、女大回转和滑道技巧比赛项目。

(4) 规则：

① 大回转：大回转用靴与滑雪靴相似，但更有弹性。滑板坚硬、狭窄，以利于转向和高速滑行。以滑行速度评定名次。主要技术动作有左、右回转。

② 滑道技巧：滑板稍软、较宽、靴底较厚。比赛时运动员在 U 形滑道内边滑行边利用滑道做各种旋转和跳跃动作，裁判员根据完成的动作难度和效果评分。主要动作有跃起抓板、跃起非抓板、倒立、跃起倒立、旋转等。

(5) 场地：

① 大回转：场地长 936 米，平均坡度 18.21 度，坡高 290 米。

② 滑道技巧：场地为 U 形滑道，长 120 米，宽 15 米，深 3.5 米，平均坡度 18 度。

6) 越野滑雪（Nordic Skiing）

(1) 定义：运动员足蹬滑雪板、手持雪杖滑行于旷野雪原的冬季运动项目。

(2) 比赛：起源于北欧，故又称北欧滑雪。据记载，1226 年挪威内战时期，2 名被称为“桦木腿”的侦察兵，怀藏 2 岁的国王哈康四世，滑雪翻越高山，摆脱了敌人。现挪威还每年举行越野马拉松滑雪赛，距离 35 英里，与当年侦察兵所滑路程相同。

(3) 比赛：1924 年被列为首届冬奥会比赛项目。

男子：10 公里（1992 年列入）；

15 公里（1924 年列入）；

30 公里(1956 年列入);

50 公里(1924 年列入);

4×10 公里接力(1936 年列入)。

女子:5 公里(1964 年列入);

10 公里(1952 年列入);

15 公里(1984 年列入);

30 公里(1992 年列入);

4×5 公里接力(1956 年列入)。

(4) 规则:

① 单项比赛出发时,每次 1 人,间隔 30 秒,顺序由抽签决定,以到达终点的时间确定名次。

② 接力项目比赛时,集体出发,道次由抽签决定,以每队队员滑完全程的时间之和计算成绩和名次。

(5) 场地:越野滑雪比赛路线分上坡、下坡、平地,各占全程的 1/3。

3. 雪橇(Luge)

定义:乘坐不装设舵板的木质雪橇沿专设的冰雪线路滑降的一项冬季运动。现今冬奥会比赛项目雪橇称为“luge”,即指原来的无舵雪橇,又名运动雪橇。

1) 无舵滑雪(Skeleyon)

(1) 定义:也称“运动雪橇”或“单雪橇”。雪橇运动项目之一。一种乘坐(卧)在木制或金属制的雪橇上,通过变换身体姿势来操纵雪橇高速回转滑降的运动。

(2) 比赛:1964 年第 9 届冬季奥运会开始列为比赛项目。1957 年国际无舵雪橇联合会正式成立,决定从第 9 届冬奥会开始进行无舵雪橇比赛,在非冬奥会年份,每年举行世界锦标赛、欧洲锦标赛及各种杯赛。

比赛分男子单座、男子双座、女子单座 3 项。

(3) 规则:比赛时运动员坐在雪橇上,双手借助起点助栏用力向后推,使雪橇向前起动,滑行中仰卧在雪橇上,单手拉住雪橇皮带利用身体起卧,变换肩、腿姿势操纵雪橇,使之沿着冰道快速滑降。到达终点时,运动员须坐在雪橇上,否则不予计算成绩。单座滑 4 次,赛期为 2 天;双座滑 2 次,赛期为 1 天。均以时间少者为胜。成绩相等时,以各次滑降中成绩最好者为胜。出发顺序由抽签决定。

(4) 场地设备:

场地:以混凝土或木材为基础砌成槽状的滑道。道宽 1.30～1.50 米,滑道两侧的护墙均需浇冰。比赛线路长度男子1 000～1 400米,女子800～1 200 米。全程设 11～18 个弯道,弯道的半径为 8 米。滑道的平均坡度男女相同,为 4 至 8 度。起点与终点的高度差为 70～130 米。

设备：雪橇全长为70～140厘米，宽为34～38厘米，高为8～20厘米。雪橇为木制，底面有一对平行的金属滑板。雪橇前部没有舵板，后部也没有制动闸。滑板上部为支架。滑板前面翘起部分可有一定柔软性，以利转弯，但不准装置能操纵滑板的舵和制动器。单座重量不准超过20公斤，双座不准超过22公斤。

2) 有舵雪橇(Bobsleigh)

(1) 定义：集体乘坐装有舵板的金属雪橇沿专设的冰雪线路滑降的一项冬季运动。

(2) 起源：起源于瑞士阿尔卑斯山地。最初所用雪橇为木制，后逐渐发展成为金属制。1883年英国人将平底雪橇装上橇板，第2年举行比赛时，吸引了许多人参加。1890年爱好者们又制成装有金属舵板和制动闸的雪橇。1898年1月在克雷斯特郎又有人制作出4人座有舵雪橇。

(3) 比赛：1924年第1届冬季奥运会即列为比赛项目。设有双人座和4人座2个项目，仅限于男子。

(4) 规则：比赛时，每队下滑4次，以时间总和少者为胜。如两队时间总和相等，则以任何一次时间最少的为胜。

(5) 场地设备：

滑道：全长1 500米，平均坡度为4度30分，最大坡为8度30分，15个弯道。弯道部分的半径必须在20米以上，滑道的护墙高度最少不得低于50厘米。

雪橇：用金属制作，前部装有舵和方向盘。

① 双人座：有舵雪橇长不得超过2.70米，宽0.67米，滑橇板宽度8毫米。双人座有舵雪橇比赛时，总重量不得超过375公斤。

② 4人座：有舵雪橇最长3.80米，宽0.67米，滑橇板最小宽度12毫米。4人座有舵雪橇总重量不得超过630公斤，不足重量可携带其他加重物补足。

4. 冰球(Ice Hockey)

1) 定义：运动员手持球杆，脚穿特制冰鞋，身着防护装备，在没有木制界墙的冰场上进行球赛。

2) 起源：起源于加拿大，又称冰上曲棍球。1855年12月25日在金斯顿举行首次冰球比赛。1858年传至欧洲。1860年加拿大开始使用橡胶制成的盘形冰球。1875年3月3日在加拿大蒙特利尔的维多利亚冰场举办第1次正式冰球赛。1879年加拿大麦克吉尔大学的学生罗伯逊(W. F. Robertson)和史密斯(R. F. Smith)教授共同制定了比赛规则，规定每队比赛人数为9人。1890年加拿大成立安大略冰球协会，这是世界上第1个冰球协会组织。1893年加拿大冰球队首次赴美表演。

3) 比赛：1902年欧洲第1个冰球俱乐部在瑞士的莱萨旺成立。1910年举行第1届欧洲冰球锦标赛。1912年加拿大国家冰球协会首创6人制打法，并被国际冰联沿用至今。女子冰球始于19世纪60年代。1892年在安大略的多伦多举行首次女子冰球赛。

1916年在美国举行加拿大和美国参加的首次国际女子冰球赛。1990年起举行世界女子冰球锦标赛。男子冰球于1920年被列为奥运会比赛项目,后将该届奥运会冰球赛追认为首届世界冰球锦标赛。女子冰球于1998年被列为冬奥会比赛项目。

4）规则:比赛分两队,每队可报20名运动员,比赛时上场6名。全场比赛为60分钟,分3局进行,中间休息15分钟,以进球数多者为胜。

5）场地器材:

冰球场:长61米,宽30米,四周有高1.15～1.22米的界墙。球门高1.22米,宽1.83米,长2.44米。

冰球:黑色硬橡胶制成,扁圆形,厚2.54厘米,直径7.62厘米,重165～170克。

5. 现代冬季两项(Winter Biathlon)

1）定义:由越野滑雪和射击相结合的运动。

2）起源:起源于斯堪的纳维亚半岛,由远古时代的滑雪狩猎演变而来。在挪威曾发现大约4 000年前两人足蹬雪板、手持棍棒追捕野兽的石雕。中世纪开始逐渐纳入军事训练科目。1767年挪威边防军滑雪巡逻队举行了滑雪射击比赛,据记载,这是世界上最早的现代冬季两项比赛。

3）比赛:1861年挪威成立世界上最早的滑雪射击俱乐部。1912年挪威军队在奥斯陆举行名为“为了战争”的滑雪射击比赛。后逐渐在欧美国家开展,成为一种体育运动项目。1924年被列为首届冬奥会表演项目,1958年举行第1届世界现代冬季两项锦标赛,1960年被列为冬奥会比赛项目,并定名为现代冬季两项。

① 男子20公里和女子15公里射击4次。射击姿势及顺序为卧射、立射、卧射、立射,每次5发子弹。

② 男子10公里、女子7.5公里和男、女4×7.5公里接力均射击2次,射击姿势及顺序为卧射、立射。

个人赛每次5发子弹,接力赛每人每次8发子弹。

4）规则:比赛时,运动员要脚穿滑雪板,手持滑雪杖,携带枪支,沿标记的滑道,按正确的方向和顺序滑完预定的全程。个人赛采用单人出发,间隔时间为30秒或60秒;接力项目第一棒采用集体出发,以后则在交接区接棒出发。

6. 北欧两项(Nordic Combined)

1）定义:由越野滑雪和跳台滑雪组成的冬季体育运动项目。

2）起源:起源于北欧,在挪威、瑞典流传很长时间,成为北欧的传统项目,故又称北欧全能。1883年被列入霍尔门科伦滑雪大奖赛,20世纪初开始向世界推广。

3）比赛:1924年被列为首届冬季奥运会比赛项目,1984年以前只设个人赛,1988年起增设团体赛,仅有男子项目。比赛按跳台滑雪、越野滑雪的顺序进行。

4）规则：确定名次的方法原来根据单项成绩换算成得分，得分高者名次列前；1992年冬奥会开始有所不同：

（1）个人赛第1天进行跳台滑雪，每人跳2次，以姿势分和距离分计算总成绩。姿势分由5位裁判根据运动员完成动作的准确性、完美性、稳定性以及整体稳定性打分，去掉最高分和最低分后，将剩下的3个分数相加，最高分为60分；距离分要根据K点距离确定每米分值，运动员的跳跃距离达到K点距离为60分，短于K点距离，将所短距离乘以每米分值，再从60分中减去，超过K点距离，将所超距离乘以每米分值，然后加上60分。2次比赛的姿势分与距离分之和为运动员的总分，得分多者名次列前。第2天进行越野滑雪，跳台滑雪成绩最好的运动员第一个出发，其他运动员要根据跳台滑雪与第1名运动员的得分差换算成时间差，依次间隔出发，最后以运动员到达终点的顺序排列名次。

（2）团体赛跳台滑雪各队4名运动员依次出发，得分方法同个人赛。越野滑雪时，跳台滑雪成绩最好的队首先出发，其他队要根据与跳台滑雪成绩最好的队的得分差换算成的时间差，依次间隔出发，各队的第2、第3、第4名运动员在接力交换区出发，以第4名运动员到达终点的顺序排定名次。1988年起成为冬奥会比赛项目。

5）场地：跳台滑雪初为70米级，1992年改为90米级；越野滑雪原为18公里，1956年起改为15公里。

7. 冰上溜石(Curling)

1）定义：又称掷冰壶。

2）起源：起源于苏格兰，现存有上刻“1511年”字样的砥石。14世纪苏格兰流行在冰上进行一种类似地滚球的游戏。16世纪开始出现冰上溜石比赛。18世纪传入北美。1795年苏格兰成立世界上第一个冰上溜石俱乐部。1807年传入加拿大，1820年起在美国等地流行。20世纪60年代先后在瑞典、挪威、瑞士、法国、德国、丹麦以及意大利等国家广泛开展。

3）比赛：1959年举行首届苏格兰威士忌杯赛，1968年改称加拿大银扫帚锦标赛，1986年正式定名为世界冰上溜石锦标赛。1979年起举行世界女子冰上溜石锦标赛。1924、1932、1936、1964、1988和1992年6次被列为冬奥会表演项目，1998年被列为正式比赛项目。

4）规则：每场比赛两队参加，每队4人，共进行10局，每局投2次(共16枚砥石)。比赛时各队按一垒队员、二垒队员、三垒队员和主力队员的顺序，向对方交替投掷砥石，以砥石距离对方营垒圆心的远近计分，近者得分，每石1分，积分多的队为胜。

5）场地：场地长44.5米、宽4.32米，四周设有高2英寸、宽4英寸的木框。场地中线两侧分别有前卫线、丁字线和后卫线，丁字线的交叉点为营垒的中心点，以中心点为圆心，向外分别各画一个半径为0.15米、0.61米、1.22米、1.83米的同心圆。砥石由苏格兰不含云母的花岗岩石制成，直径29厘米，厚11.5厘米，重19公斤。

第3章

休闲体育

3.1 休闲体育概述

3.1.1 休闲的概念

休闲是指在非劳动及非工作时间内以各种“玩”的方式求得身心的调节与放松，达到生命保健、体能恢复、身心愉悦的目的的一种业余生活。文明科学的休闲方式，可以有效地促进身体能量的储蓄和释放，包括对体能、智能的调节和对生理机能的锻炼。

人们经常说劳动创造了物质财富，为提高生活质量提供了基本的条件和可能，那么，余暇时间的休闲，则使这些条件与可能成为现实。休闲已不仅仅是舒缓劳作的一种手段，它以崇尚自然、追求舒适、满足个性身心发展为特征，体现出独特的价值和作用，成为丰富生活内容、提高生活质量的重要余暇生活方式。

3.1.2 休闲体育的概念

休闲体育是指人们在闲暇时间以增进身心健康，丰富和创造生活情趣，完善自我为目的的身心锻炼活动。体育活动具有健身、竞技、游戏、娱乐等属性，同时也具有改善与发展人的身心健康，提高人体机能水平的作用，这些属性和作用恰恰是休闲活动所需要的，因而，体育活动成为人们休闲生活的一种方式。

休闲体育的广义可以理解为是用于娱乐、休闲的各种体育活动。它与体育活动的其他领域有着既对立又统一的关系。竞技体育的目标是：最大限度地发展人的运动能力，不断向人类的运动极限挑战。然而，竞技体育的某些项目，也能够用于休闲，故也可以称之为休闲体育。

大众体育是以健身、娱乐和社会交往为特征的群众性体育活动，与广义的休闲体育有相似之处，可以把休闲体育看成是其中的一部分。休闲体育与体育运动的其他领域有着外延的联系，当某种体育活动用于竞技时，可以看作是竞技体育；当用于娱乐休闲时，则可以看作是休闲体育。各种体育活动的类别属性，视其目标和作用而定。

休闲体育作为一个相对独立的领域,与其他体育运动又有着不同之处。依据休闲体育的目的和作用,休闲体育的狭义概念是:人们在余暇时间所进行的、以满足自身发展需要和愉悦身心为主要目的、具有一定文化品位的体育活动。

休闲体育的特点:具有自由性、文化性、非功利性和主动性等。对增进身体健康,强健体魄,预防疾病与康复,提高文化修养与精神文明建设,丰富生活内容与加强人际关系,以及促进人的社会化与个性化形成等都有重要意义和作用。

3.1.3 休闲体育的内涵

首先,休闲体育应当是个人在业余时间自主选择、自由支配的活动,这与竞技体育强制性的专业训练和体育教育规定性的活动课程有着本质上的区别。休闲体育完全是根据个人的爱好、兴趣和需要,选择活动的方式和内容,确定活动的强度与负荷,是以个人为主体的活动。

其次,休闲体育的目标是:通过多种多样的体育活动,达到健身、娱乐、欣赏、交往等目的,满足个人身心发展。其中健身是休闲体育的基础,娱乐是休闲体育的核心。国外用于休闲体育的词语表述是"娱乐"(Recreation)、"休闲"(Leisure)、"休闲娱乐"(Leisure Entertainment)等。由此可见,"娱乐"应当是休闲体育的主要目标。

再次,休闲体育不同于一般性的体育健身活动,它具有鲜明的自由性、文化性、非功利性、主动性、新颖性、趣味性和艺术性等。在休闲体育中,人们充分展示个人的能力与个性,获得身心的愉悦和满足。

最后,休闲体育是一种具有一定的科学技术含量和文化品位的社会文化活动。所有新颖的休闲体育项目的产生,都是建立在科学基础之上,采用了新技术、新材料和新方法。因此这些新项目通常被视为高雅、高尚、高品位的体育活动,大大地丰富了体育文化活动的内容。

3.1.4 休闲体育的功能

1. 强身健体的健身功能

现代生物科学和体育科学研究均表明,体育运动对增强人的体质、保持旺盛的生命力、防病祛病、延年益寿有积极的作用。"生命在于运动"的观念已经普遍为人们接受。随着科学技术的发展和机械化、自动化、电气化的普及,人们无论在工作中,还是在家务劳动中的体力支出均已降到最低限度。营养过剩和运动不足所引起的心血管疾病、肥胖病等"现代文明病",正在逐渐成为威胁人类健康的首要病症。因此,人们开始重视体育运动的功能,在余暇时间参加各种各样的体育活动,以弥补或消除缺乏运动所带来的对身体健康的负面影响。休闲体育与人的健康生活的联系日趋紧密,它不仅具有强身健体的功能,还可以给人以极大的快乐和精神享受。通过丰富多彩的身体运动的娱乐方式,可以给人健康的身体，努力保持人类作为生物物种的生存活力。作为保持与提高健康水平的体育运动，休闲体育将是最积极、最有益和最愉快的方式。

2. 丰富生活的文化功能

人类在创造物质文明的同时，也在不断地创造着精神文明。社会文化的发展，使得人们在享受物质生活的同时，也在享受精神生活。文化生活的内容是丰富多彩的，体育是一种社会文化，休闲体育则更具有文化韵味。休闲体育可以满足人们对娱乐性、消遣性精神生活的需求，可以满足自我发展的需求。休闲体育为人们在日益增多的余暇时间选择和安排休闲生活提供了丰富的内容和方式，成为社会文化生活中的重要组成部分。休闲体育可以提高人的精神素养，增进文化知识，增强审美意识，全面提高人的整体素质。在休闲时间参加体育活动，不但可以丰富业余文化生活，对社会主义精神文明建设也有积极的促进作用。

3. 愉悦身心的娱乐功能

休闲是人们在余暇时间自愿选择、自愿参加的以娱乐为主要目的的活动。休闲体育的项目极为丰富，具有鲜明的自由性、文化性、非功利性、主动性、新颖性、趣味性和艺术性等特性，使人们在直接或间接地参加体育休闲活动中，充分享受体育运动的乐趣，在表现自身的能力、施展个人才能的同时，获得身心的满足和愉悦。

4. 完善自我的教育功能

休闲体育不仅仅是单纯的娱乐活动，还是一种自我学习、自我完善的教育过程。它包括学习运动技术、发展体能、培养人际交往的能力、增强自信心、培养协作精神和竞争意识等。休闲体育是很好的寓教于乐的教育形式，在参与过程中，可以吸取相关学科的知识，使身心得到充分自由的均衡发展，完善自我。

3.1.5 休闲体育的分类及内容

休闲体育有多种分类方法，如个人与集体活动、室内活动与户外活动、竞赛活动与非竞赛活动、商业性活动与非商业性活动等。

依据参加者在进行活动时的身体状态，分为三大类。

1. 观赏性活动(间接参与)

此类活动主要是指观赏各种体育竞赛和休闲体育的表演。在观看比赛和表演的过程中人们会表现出赞赏、激动、惊叹、沮丧、愤怒等各种情绪，心理压力得到充分的释放。在观赏的过程中，还可以学习一些体育知识，欣赏到体育运动的艺术魅力，受到体育精神的熏陶。

2. 相对安静状态的活动

主要是指棋、牌类休闲活动。这类活动的参与者身体活动量较小,脑力支出大,是智慧与心理素质的竞争。棋牌类活动通常是多人参加的集体活动,默契与配合、经验与心理素质是这类活动的主要特征。由于棋牌类活动充满了乐趣,易于开展,从而成为人们喜闻乐见的休闲方式。

3. 运动性活动

1) 命中类活动:此类运动主要是运用自身的技巧和能力,借助特定的器械击中目标。例如保龄球、台球、门球、板球、飞镖、高尔夫球等。

2) 户外运动:此类运动不仅是指在室外进行体育活动,而且指人们回归自然的各种各样的体育休闲方式。例如放风筝、钓鱼、航模、车模等。

3) 技巧类运动:此类运动是指人运用自身的能力,借助特定的轻器械所表现出高度灵巧和高超技艺的运动。例如抽陀螺、沙壶球等。

4) 游戏类运动:此类运动是将竞技体育比赛的规则进行简单化和游戏化的改变后,形成的休闲游戏比赛。例如多米诺骨牌、拔河等。

3.2 休闲体育项目欣赏介绍

3.2.1 水上项目

1. 钓鱼(垂钓)(Angling)

1) 定义:源于民间的一种古老捕鱼方式。是一种身静脑动、身心并用、静中有动、以静待动的运动。当鱼在水下捕食鱼饵时,只待浮漂一动的刹那间立即运用臂腕力,通过竿、线、钩巧妙的传导而将鱼儿钩劳,这种抖竿提鱼动作锻炼了人的思维,能够训练人的观察、判断和决策的稳、准、快而又恰到好处。

2) 起源:钓鱼在我国有着悠久的历史,很多古籍书,如《战国策》、《吕氏春秋》、《史记》、《水经注》等都有记载。据传3 000多年前,姜太公垂钓于渭水,巧遇文王而被封侯拜相,从而流传了一段民间佳话,有了一句人人皆知的歇后语——“姜太公钓鱼,愿者上钩”。

3) 比赛:

(1) 钓重:不限鱼种,以总重量多少排列名次。

(2) 钓大:不限鱼种,以单尾重量多少排列名次。

(3) 钓小:以小为胜,由小到大排列名次。

(4) 钓多:不限鱼种和大小,以总尾数多少排列名次。

(5) 钓单鱼种:只限某一种鱼,钓其他鱼种不记成绩。

(6) 多项目比赛：一场竞钓，分项裁判，分别排列名次，每个运动员和团体均可兼得优胜。亦可分钓区、多项目同时或先后进行，由运动员自选项目参加比赛。

比赛时间：单项比赛，每场竞钓时间不得少于 4 小时。同时进行两个以上项目的比赛，每场的竞钓时间不得少于 6 小时。

赛区的分配：比赛区岸边的地形、地貌比较整齐，上下游水深差别不大的地方，可将赛区分段编号，采取组队抽签对号入座的办法分配钓位。比赛区岸边的地形、地貌比较复杂，上下游水深差别较大的地方，应采取在指定大区域内，让各组(队)自选钓位的办法分配钓位。

4) 器材：

(1) 手竿比赛：竿长 2.7～6.3 米，比赛时一人一竿，一线入水，不准抛投诱饵。

(2) 抛竿比赛：竿长 3.9 米，钩坠抛投落点距岸边 20 米。

(3) 陆地抛准比赛：竿长 3.9 米。

2. 航海模型(Nautical Model)

1) 定义：设计、操作和操纵各种航海模型(舰船、航海设备与装置的模型)。

2) 起源：航海模型最早始于 16 世纪的欧洲。到 20 世纪初，各类比赛增多。

3) 比赛：1959 年在瑞士成立了世界航海模型联合会，总部设在奥地利的维也纳。联合会主办的主要比赛有 2 年 1 次的世界锦标赛。

航海模型比赛运动员不受年龄限制，比赛分 6 个组共 36 个级别。

(1) 圆周竞速艇模型(A、B 组)；

(2) 外观舰船模型(C 组)；

(3) 自航帆船模型(D 组)；

(4) 自航舰船模型(E 组)；

(5) 遥控舰船模型(F 组)。

4) 规则：航海模型大体可以分为动力船模型、帆船模型、外观舰船模型三类。

(1) 动力船模型是带有机械动力装置，能在水上航行的各种舰船的模型。

(2) 帆船模型是装有帆篷、以风为动力的模型船。

(3) 外观舰船模型是按一定比例模仿真实舰船制造的各种外观模型，或是各种类型的舰船、海港、造船厂模型及其一部分动作、性能的演示。外观舰船模型一般没有动力装置，比赛时只根据外观成绩确定等级。

3.2.2 陆上项目

1. 台球(Billiards)

1) 定义：是在室内特制的台面上用杆击球的一项智力、体力与技术相结合的健身运动。

2）起源：起源于14世纪的英国，1510年在法国流行。在英国一般华贵之家都有讲究豪华的台球间，在玩台球时有礼貌规定，它是一项文明、高雅的活动。

台球运动的特点是室内运动，运动场地小，不受季节、天气、时间等因素影响，运动量不大，不会耗费大的体力，适合任何人运动。

3）项目：落袋式台球和撞击式台球。即英美属于落袋式台球，法国属于撞击式台球。

（1）美式台球（16彩球）：美式台球在我国普及最广，玩法主要有：轮换球、8号球、换击球、见子打子、定球打法。

（2）英式台球（22彩球）：英式台球又称斯诺克（Snooker），大型比赛一般采用英式台球。22个彩球共分8种颜色，红色球15个（1分）、黄色球1个（2分）、绿色球1个（3分）、棕色球1个（4分）、蓝色球1个（5分）、粉色球1个（6分）、黑色球1个（7分）、白色球1个（主球）。

4）规则：

（1）主球必须先击活球，且本球不得落袋，非活球不得落袋。

（2）所有红球在全部离开台面之前，均为活球。当红球全部击入袋中后，台面上的活球按分值大小排定，依次为黄色球、绿色球、棕色球、蓝色球、粉色球和黑色球。此时击入袋中的彩色球不再取出。击一红球后，选手可任选一彩球为活动球。

（3）彩球一经指定不得更改。击落的彩球在下一击之前应由裁判员取出放回置球点。当台面只剩下黑球时，击球入袋或犯规受罚都会使比赛结束。

（4）如双方比分相等，则：重新放置黑球，进行决胜期比赛；双方选手以掷币方式决定比赛顺序；开球应从开球区内击出主球；无论谁击球入袋或犯规受罚，都使比赛结束。

（5）选手解障碍球时，要有明显的合理的救球趋势，否则在被判犯规罚分的同时，对方选手可以要求将主球放回原来的位置，让犯规方重打。

（6）台面上的球被击出界或者球落袋的同时犯规，主球作手中球，放回开球区，红球不再取出，彩色球一律放回置球点。

2. 壁球（Wall-ball）

1）定义：壁球是从网球派生出来的一种对着墙打的球类运动，所以又叫墙网球。

2）起源：是19世纪50年代发展起来的一项室内运动项目。最初是由19世纪初伦敦监狱里的犯人闲来无事对着墙面击球以锻炼身体和调节监狱生活气氛发展而来，后来在英国培养皇室后代的哈卢公学得到改进。随着19世纪末英国的对外扩张和殖民统治，壁球被英国的对外扩张和殖民统治的军官带到了英联邦国家，并迅速在世界范围内普及开来。

3）比赛：

（1）世界杯个人公开赛；

（2）国际壁球联合会主办的世界杯赛；

（3）英国主办的壁球公开赛；

（4）美国公开赛；

（5）世界杯青年公开赛。

4）规则：两名运动员并排站，双方轮流发球和击球，接对面墙上反弹回来后在地板上弹起再击球。

（1）比赛中，球员选择发球权之后：

① 发球一方可以选择在右后场或左后场地发球；

② 发球一方在发球的一刻，必须以一只脚踏在发球区内（不能踏线）；

③ 球离开球拍后，必须直接接触前墙，在前发球线以上及边界线以下，当壁球弹离前墙后，必须落在另一方之后场内；

④ 壁球在发球时击中发球线、边界线、地发球线、半场线等均被判出界或发球犯规。

（2）发球后，比赛过程中：

① 每一个有效的击球必须接触前墙一次，壁球在底界线之上以及边界线之下；

② 每一个击球必须在球弹离前墙后，在未触地板或只能一次弹离地板后击出；

③ 在比赛过程中壁球击中边界线、底界线等均被判为出界；

④ 若发球一方击球失误或未能回接对手所打出的好球，发球权则转给对手，同样若接发球球员击球失误或未能回接发球一方所打出的好球，则发球一方将获得 1 分。

（3）计分方法：

国际性（英式）的比赛是采用 9 分制，须先获得发球权才可以得分。如果到了第 8 分后平手，先得 8 分的球员可以选择打 2 分（共 10 分）或照原本计分法打 1 分，以 9 分终局。

5）场地器材：

场地：壁球场是一个四面有壁的房间。单打场地长 9.75 米、宽 6.4 米、高 5.53 米，双打场地长 13.72 米、宽 7.62 米、高 6.1 米，加上顶和地面共 6 个面（顶和地面在质量上应和四壁相似）。后墙一面墙为玻璃钢墙，以便观众观赏及教练指导。

球拍：球拍比网球拍小，但柄长 68.30 厘米，拍重 230 克。球拍的材料以碳素钢的复合材料为好，既轻又可以减少击球时对手的震动。

球：球比网球小，橡胶制成，直径 40.5 毫米，球重 28.349 克。壁球多为蓝色和绿色，练习多为黑色。球质为橡皮质。按球飞行的速度快慢分为蓝点(快速)、红点(中速)、白点(慢速)和黄点(超慢速)。壁球内填充有惰性气体,当壁球被打击的时候,气体因摩擦受热膨胀,其飞行速度可达时速约150米,速度仅次于速度之王羽毛球,成为一项快速且剧烈的运动。

3. 保龄球(Bowling)

1) 定义:在室内木板球道上用球撞倒所有瓶柱,以轮次数决定胜负的运动。

2) 起源:公元前5200年的古埃及发现类似现在保龄球的大理石球和瓶。现在的保龄球,起初叫九柱球戏,又称地滚球。起源于德国和荷兰。当初只是一种宗教仪式活动,通常在教堂的门厅或走廊里,竖着的柱子表示邪恶,球代表正义,教徒们以球击柱,希望求得幸运。16世纪,荷兰移民将九柱球戏带到了美国,由于它的娱乐性、抗争性、趣味性引人入胜,很快地被美国人所接受,并逐渐由户外转到室内。到了19世纪,九柱球戏又因涉嫌赌博而被取缔。后来,在一些人的精心安排下,将原来的九柱,增加了一柱,又把菱形排列改变成三角形排列。1820年—1830年增加1瓶形成现代十瓶制。1841年在纽约州古利尼吉镇上设立了最早的保龄球馆。

3) 比赛:

(1) 个人赛(6局);

(2) 双人组赛(6局);

(3) 三人组赛(6局);

(4) 五人组赛(6局);

(5) 个人准决赛:先进行24局比赛,选出前16名,然后进行以一局决胜负的单循环赛,确定前4名;

(6) 决赛:由个人准决赛中的前4名(不记录过去的比赛成绩)参加,排列上是第1名对第2名、第3名对第4名进行1局比赛,然后他们中的优胜者再进行2局比赛,决定冠军。

4) 规则:运动员投球时必须站在犯规线后面,不得超越或触及犯规线,违者判该次投球得分无效。投球动作规定用下手前送方式,采用其他方式为违例。

计分:保龄球比赛以局为单位,一局分10轮,每轮有2次投球机会。如果第1次把10个木瓶全部击倒,就不能再投第2次。惟有第10轮不同,全中时继续投完最后2个球,补中时继续投完最后1个球,结束全局。

5) 器材设备:

(1) 球道总长18.29米,宽1.06米,39条木板组成。

(2) 球瓶区是由1号瓶中心线到球道末端为止,总长度0.86米,10个瓶间隔距离0.30米,以正三角排列。

(3) 球重:6~16磅,11个级。

以体重1/10为依据的选球标准：

40～49kg	10磅
50～54kg	11磅
55～59kg	12磅
60～64kg	13磅
65～69kg	14磅
70～74kg	15磅
75kg以上	16磅

4. 高尔夫球(Golf)

1）定义：以棒击球入穴，以击球入最后一穴所用杆数决定胜负的运动。

2）起源：高尔夫球运动的名称(Golf)，便是来自苏格兰的方言(Gouf)，意为“击、打”。而高尔夫球场无论建在世界何地，均必须仿照最初玩高尔夫球的苏格兰特有的生长着草丛的海边沙地进行铺设，即要有平坦的沙滩和葱绿的草皮，又要有一定起伏的沟壑溪流。高尔夫球18世纪传入英国，19世纪传入美国、印度、澳大利亚、泰国、加拿大。

3）比赛：主要是男子比赛。

(1) 大满贯(Grand Slam Tournament)：年度大满贯赛是由年度四大赛，即美国名人赛(The Masters)、美国公开赛(U. S. Open)、PGA锦标赛(PGA Championship)、英国公开赛(British Open)等4位冠军得主才能参加的比赛；如果届时有选手获得两大赛之冠军，则另一选手之递补系由委员会依据选手参加四大赛之成绩优先递补，并非以世界排名递补。

(2) 英国公开赛(British Open)：在8项苏格兰专业高尔夫球赛中，有一项由上世纪就有的正式比赛，就是每年10月在位于苏格兰的克来德河口举办的。这项比赛现在已成为世界最重大的高尔夫盛会。

(3) 名人赛：为了回馈高尔夫爱好者而开办的一项锦标赛。一天只打18洞，共打4天，以及排除资格赛，3人一组比赛改成2人一组比赛及规定除了球员及工作人员以外，其他人不可以在比赛区域内。并且在比赛中有部分形式的商业行为是被限制的。

(4) 美国公开赛(U. S. OPEN)：1895年10月4日，美国高尔夫协会在位于罗德岛仅有9洞的Newport高尔夫俱乐部中举办了第一届美国公开赛。美国公开赛的比赛形式改变很多次。USGA在1898年，将比赛扩大到72洞，一天打36洞，共2天。在1926年，形式又改成第1、第2天各打18洞，第3天打36洞。1965年时，再度改成今日的形式，也就是1

天打18洞,共打4天。

4）规则:

（1）比杆赛(Stroke Play):比赛者在打完规定之回合数时,其总杆数最少者,即为冠军。一般职业比赛均为4天4回合72洞(但也有例外)。

一般非职业球友,如在所参加之球队月例赛打1天18洞,其杆数即为该月份之总杆成绩,成绩最佳者为总杆冠军。

标准杆设置规格:

男子:250码内的洞为3杆;

251～470码为4杆;

471码以上为5杆。

女子:210码之内为3杆;

211码～400码为4杆;

401码～575码为5杆;

576码以上为6杆。

18个洞标准杆的总数一般为72杆。正常比赛设置4个3杆,4个5杆,10个4杆洞。1～9洞插黄旗,10～18洞插红旗。

（2）比洞赛(Match Play):以每一个洞为一单元来决定输或赢之比赛,每一洞杆数最少的一方,即为该洞之获胜者,比赛规定之洞数一般均为18洞,但也有2回合36洞的比洞赛,如果一方领先洞数超过未打之洞数,胜负已分,故可终止比赛,领先的一方即为优胜者。

（3）个人赛(Singles):以个人为单位的比赛,有比杆赛与比洞赛之分。

（4）史特伯福特(Stableford)比赛:以标准杆为基准,打PAR得2分,多一杆则少1分,少一杆则多1分,但最少是0分,没有负分的,待打完18洞再计算总成绩,成绩最高者为冠军。

（5）新贝利亚比赛:新贝利亚制计算差点方式为PAR3、PAR4、PAR5之球洞各抽取2洞共6洞不计算成绩,其余12洞成绩相加总和,乘以1.5倍,后再减去标准杆(通常为72杆),后再乘以0.8即为差点。

（6）计算公式:

⊙18洞－抽6洞＝剩12洞

⊙[(12洞总合杆数)×1.5－72标准杆]×0.8＝差点

5）场地器材:

（1）场地:高尔夫球标准球场长5 000米至7 000米之间,宽度不定。占地50～60公顷。球场划分18个大小不同,形状各异的场地,每个场地均设有开球台、球道和球洞,共有18个球洞。以第1洞的开球台为起点,以设在果岭上的球洞为终点。球洞间的距离在 90～540 米(100 码～600 码)之间。

(2) 高尔夫球:球重 45.93 克,直径 4.27 厘米(美),直径 4.11 厘米(英)。标准球速为 75 米/秒。

(3) 高尔夫球球杆:分为杆头、杆茎、杆把三个部分。击球部位为杆头,握杆部位为杆把,连接杆头和杆把的金属杆是杆茎。球杆有两种,分为木杆和铁杆。

① 木杆按其长度分为 5 种型号。

② 铁杆按其长度分为 9 种型号。铁杆有用途不同的三种杆:劈起杆(P),杆头冲高角较大,在百码之内,专打高远球;沙滩杆(S),易在沙坑中击球;拨打杆,专在果岭上击球用。

(4) 球座:由木质或塑料制成的钉状球座,在开球时垫到适当高度,击球时无阻力。

(5) 手套:戴在左手上,握杆时用。左撇子则要戴在右手上。

(6) 高尔夫球鞋:穿着高尔夫球鞋在草坪和沙坑内行走节省力气,击球时也能站得稳,不易滑动或跌倒。

5. 板球(Cricket)

1) 起源:是一种历史悠久的体育运动。起源于中世纪的苏格兰。13 世纪苏格兰人出现一种以棒击球和跑垒,类似棒、垒球的运动,但因击球的木棒像船桨,故又有桨球之称。板球经过数百年的发展和演变,至 17 世纪板球的球已与现代的球类似。而板球棒从长而重的曲棒渐渐缩短了板柄,定型为直形板,到 18 世纪,球、板和比赛规则已基本定形。板球在英国广为流传,素有英国国球之称。1780 年在伦敦成立了玛丽勒本板球俱乐部,20 世纪逐渐传至世界各地。

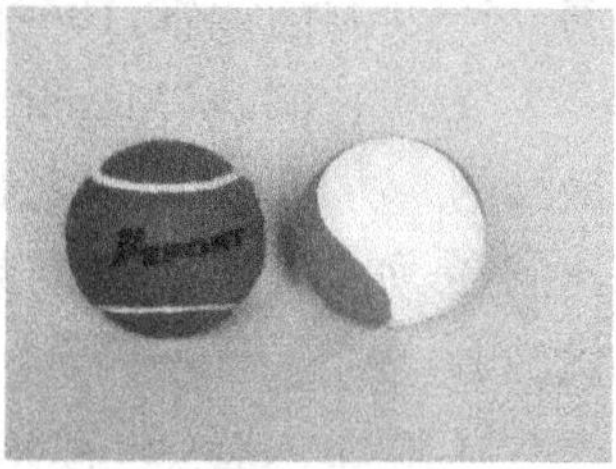

2) 规则:比赛采用 11 人制,双方各攻 1 次为 1 局,每队 10 人连续出局,双方换攻守 1 次。

6. 陀螺(Top)

1) 定义:用鞭子抽打在地面不停旋转的圆锥形物体。陀螺又称"黄牛"、"老牛"、"牛牛儿"、"菱角"等。

2) 起源:在中国民间广为流传的体育运动项目。这项运动是一项古老的儿童游戏,在众多的出土文物中,有一件从山西夏县西阴村灰土岭文化遗址出土的陶制圆锥形陀螺,由此证明了早在 4 000 年前我国就有了这种与现代陀螺造型基本相同的娱乐体育器材。

3) 比赛:在民族体育运动会上就有陀螺比赛。

4) 器材:是由木、竹、石、陶等材料制成,现在有用金属和塑料制成的。在陀螺的尖底部装有圆珠或铁钉,以减少摩擦加快转速。玩时,先将陀螺加转放在光滑的地面上,然后用鞭子一下一下地抽，使之不停地旋转。

7. 沙壶球(Shuffle Board)

1) 定义：沙壶球是由于有人觉得沙壶球挺像“冰壶”而得名，它们都是运用滑动的方式，只不过一个在冰上滑动，一个在桌上滑动。沙壶球、沙狐球、桌掷球指的都是同一球。沙壶球是一种舶来品，在国外被称为“shuffle board”。英文中的“shuffle”是推来推去的意思，英文的“board”是长形木板的意思，“shuffle board”合起来就是“在长板上推来推去”。

2) 起源：可以追溯到15世纪的英国。当时在英国乡间豪宅中，人们热衷于玩一种在桌子上滑动银币的游戏，有点像现在人们玩推啤酒杯的游戏，他们称这种游戏为“推银币”，也有人称“滑银币”。一开始用的是一种英国硬币，个儿比较大，每一枚大概值4便士。后来随着一种银便士的使用，又改推银便士了，这种游戏随之被改称“推便士”。这就是沙壶球的雏形。

初期的沙壶球只在富人区和一些高档场所开展，属于真正的“贵族游戏”，随着20世纪科技的迅速发展，沙壶球的游戏场所越来越广泛，在大学校园、酒吧、饭店、娱乐中心到处都有沙壶球的身影。

3) 比赛：在欧美各国沙壶球运动开展得非常普遍。有国际、各国和地区举行的沙壶球锦标赛、挑战赛和晋级赛。

4) 规则：

(1) 一轮：在比赛中，比赛双方各有4枚球，按照不同玩法的规则顺序轮流推出，当双方的4枚球全部推出后，比赛暂停，计算分数并将得分结果记到记分器上，这就是沙壶球比赛中所谓的“一轮”。

(2) 一局：沙壶球的一局是由若干轮组成，不同的桌型、不同的打法，一局的规定也就不同。一般规定双方球手有一方积满15分为1局。

在直滑式沙壶球比赛中，沙壶桌有8条与滑道长度垂直的线，其中在滑道的两端各有3条等距线，组成两个标准直线记分区。这两个记分区在比赛中交替使用。8条线中有2条线在滑道靠中的位置，靠近发球区的一条线叫有效球分界线，接近得分区的一条线叫记分区分界线。位于有效球分界线和记分区分界线之间的区域叫无分区。

① 发球区：球手发球的区域。

② 得分区：一般以记分区分界线为界，是指正在使用的那一端记分区的区域。

③ 无分区：就是不得分的区域，只有4米以上的直滑式沙壶球桌才有。如果球进

入这个区域,应视为有效球,球不会被拿下,但不得分。

④ 记分区分界线:从球手站立的那一端算起的第五条线段或者说是第二条分界线就是记分区分界线,球只有越过了这条线才有可能得分。

⑤ 分值区:无论哪种桌型的记分区都是由一些线段和一些数字组成,两条线段和数字就组成了一个分值区,根据滑道上所标数字,如果标的是1,就可以将这个分值区称为1分区。如果标的是2,就可以称它为2分区。以此类推……

⑥ 分值线:两个分区之间的分界线叫分值线,规定是以相邻两个分区的低分值为这条分界线的名称。

5) 场地设备:沙壶球主要设备由沙壶球桌、记分器、专用照明灯、球、球沙、沙壶球专用记分尺、刮沙板、球沙回收器组成。

(1) 沙壶球桌:按其形状和运动方式分为4种。分别是直滑式、滑弹式、反弹式和保龄式。在此主要介绍直滑式沙壶球桌(标准比赛用桌)。直滑式沙壶球桌由桌架和滑道两大部分构成,滑道为6.3米、宽0.5米、高0.7米。在滑道与桌架之间形成一圈宽度为10厘米的球槽,滑道比球槽高出5厘米,形成了滑道的两边和两端。球槽一般由灰色、绿色和蓝色的呢子布料制成,其颜色须与沙壶球桌架颜色协调一致,并对沙壶球桌风格起一定的作用。

(2) 沙壶球:球的直径为5厘米、高2厘米、重325克,整个球体呈扁圆形,有球体和球盖两部分。球体是由光泽的金属制成,在球的最底端是平滑的抛光面,上面有螺丝口以便安装球盖。球盖是由硬塑料制成,它的表面有适合手指捏推的凹槽,并制作成不同的颜色以区分比赛双方。一般标准配置球为两组不同颜色的球,每组4枚共8枚。沙壶球有红、蓝、绿、褐、橙等多种颜色。一般以红、绿球或红、蓝球搭配居多。

(3) 沙壶球沙:球沙是一种化工合成材料制成的等径白色微型球体颗粒和一种带棱角的黄色颗粒混合而成。直径仅仅0.3～0.4毫米,比细盐粒略大一点。其功能是减少球与滑道的摩擦力,使球在沙壶球桌上易于滑动,以保护滑道,增加沙壶球的难度,提高沙壶球的趣味性。

8. 多米诺(Dominoes)

1) 定义:是一种用木材、兽骨或塑料制成的长方形骨牌。玩时只要将骨牌按一定间距排列成行,轻轻碰倒第一枚骨牌,其余的就会产生连锁反应,依次倒下。

2) 起源:据传说多米诺骨牌起源于中国。它使用的骨牌实际上是中国古代的“牌九”,在17世纪末18世纪初传入欧洲。据记载18世纪流传到意大利,人们利用牌九上的点数来做一些拼图游戏。后来一位绅士尝试把骨牌竖起来,逐渐发展成最原始的“多米诺”。现在的多米诺骨牌,早已经摆脱了传统意义上的“赌具”的范畴,而发展成为一种益智性体育游戏——排列时人们可以将骨牌单行摆成长线,也可以排列组成文字或图案,每一方格代表一枚骨牌。有的还向立体方向发展,如水中倒牌、立体爬坡。玩时还可

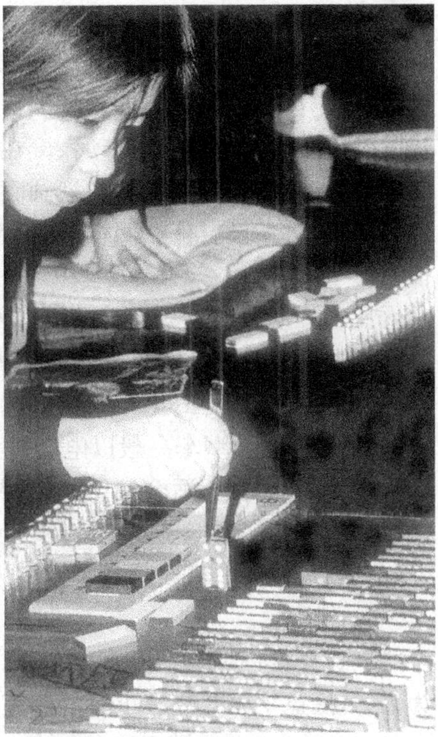

以利用高科技手段设计机关,从而大大增强了它的趣味性和观赏性。

3）规则：

（1）牌具

① 名称:多米诺骨牌。

② 规格:长、宽、高的比例大体为 6∶3∶1。牌体外型为长方形,牌面要平整、无刺,相交的边线要垂直。两张骨牌间的距离为一张骨牌的宽度。简单的码放一般适用于儿童,单行排成直线或曲线。复杂的码放可根据骨牌颜色的不同拼成文字或图案。多米诺骨牌面积 1 平方厘米/张。

③ 质地:木、竹、骨和其他无毒的材质均可。

④ 颜色:骨牌可以用材质原色,也可以在骨牌上着色。颜色种类不限(彩色,水笔、喷漆、毛笔图画等)。

（2）比赛项目

① 普及项目:50 枚、100 枚、150 枚、200 枚、250 枚、300 枚、500 枚、800 枚、1 000 枚。

② 根据上述项目,可分别规定为单线比赛或复线比赛。也可分别规定为直线或曲线比赛。

③ 超级比赛:凡超过 1 000 枚以上的比赛,称为超级项目比赛。内容包括骨牌的数量、布摆骨牌时间、布局创意、关口、倒入牌等。

4）场地：

（1）场地要求宽敞、明亮、清洁、平整,具备完成比赛规模和要求的条件。

（2）无风流、气流。

（3）没有破坏骨牌的动物(鼠、雀、虫等)。

（4）设有防止发生意外事故的疏散通道。

9. 车辆模型(Vehicle Model)

1）定义:用无线电信号遥控车模竞赛。

2）起源:车辆模型的国际竞赛始于 20 世纪 70 年代。

3）比赛:国际遥控车辆模型联合会举办的 2 年 1 次世界锦标赛。

中国设无线电遥控电动赛车模型、内燃机赛车模型、电动越野车模型、内燃机越野车模型、特种车辆模型 5 个项目。车辆与实物的比例为 1∶12 至1∶8。竞赛分耐久赛和计时赛 2 种,国内设 A、B 组,规定 A 组必须用国产器材。

比赛分遥控、自行和静态观赏等项目。参赛模型车均按其真车比例缩小，外形逼真。

（1）遥控模型车是以电动机和内燃机为动力，四轮驱动，可以灵活控制方向和车速，是汽车模型运动中最高级的项目。选手在比赛时，用遥控器操纵模型赛车在曲直交错的环行车道上竞争，刺激动人。在进行遥控模型汽车比赛时，有4～10辆车同场竞逐，犹如真实赛车场面，反映到影视画面上就可以以“假”乱真。高级遥控模型赛车的主要部件，几乎同真车没有什么两样，动力系统、传动系统、差速系统、操纵系统、减震系统一应俱全。

比赛按动力可以分为电动机和内燃机两大类；

按赛场路况又分为平路赛和越野赛。这一项目的模型赛车是通过遥控器操纵方向、车速和进退的，比赛时由“车手”通过无线电遥控器“驾驶”模型赛车进行计时赛。

（2）自行模型车一般以电动机为动力，与真车比例为1∶32，外形仿真，在各种特制的固定轨道上行驶，适合中、小学生参加，例如轨道四驱车模型。

（3）静态观赏车通常以制作的精美、仿真程度为比赛的主要内容。此外还有一些爱好者以收藏各个年代的名车模型为其模型活动的主要内容。

4）规则：

（1）1/8内燃模型越野车与真车比例为1∶8，无线电遥控操纵，以3.5毫升内燃机为动力，底盘牢固并装有可靠的避震器，适于在复杂路况下行驶。

（2）1/10电动模型房车与真车比例为1∶10，外壳为缩小的各款名车造型，遥控操纵，以电动机为动力，装有电子调速器，用可充电的镉镍电池，最高电压7.2V，底盘较高，对跑道平整度要求较平路赛车低。

（3）1/12电动模型赛车与真车比例为1∶12，无线电遥控操纵，以电动机为动力，装有电子调速器，分二轮驱动和四轮驱动。目前国内比赛使用可充电的镉镍电池，最高电压7.2V。该赛车底盘低，须在平坦路面上行驶。电动车噪音小，无污染，也可以在室内比赛。

（4）1/32四驱模型赛车是自行模型车的一种，与真车比例为1∶32，以电动机为动力，装有2节电池，四轮驱动，在封闭的环行跑道上行驶。适合小学和中学生开展。

5）场地：

（1）越野赛：跑道布有土丘、洼地、断桥、砂石路等，场地长40～60米，宽20～40米，如为环行跑道，每圈长约300米；比赛以在规定时间内行驶圈数多者或圈数相同时间短者为优胜；比赛时间，电动模型车为5分钟，内燃模型车为10～30分钟，途中可以加油维修。

（2）平路赛：跑道路面平坦，一般为细沥青或水泥路面，适于低底盘（距地面5毫米）的高速赛车行驶，场地面积为50米×30米左右，用橡胶、塑料或木质材料作隔离带，构成封闭的环行跑道，曲直交错；比赛方法同越野赛。

10. 拔河(Tug-of-war)

1) 起源:拔河是古老的游戏和运动,在全世界广泛流行。该项活动是由古代沿江辛勤的拉纤和兵船上军事操练活动衍变发展而成的。在中国隋代史籍中就有记载。

2) 比赛:1958年英国拔河爱好者成立了英国拔河协会,但当时世界上几乎没有国际性的拔河比赛。为了推动这项运动的国际竞赛,他们向欧洲各国探询,得知瑞典的拔河协会早在1933年就成立了。1960年英国拔河协会正式邀请瑞典协会派队到英国比赛,两队相遇才发觉各自的比赛规则完全不同。英、瑞两国的拔河协会通过协商,制定了国际拔河比赛规则,并创立了国际拔河联合会,现在联合会已有16个会员国。拔河运动在英格兰、爱尔兰、瑞典、瑞士、澳大利亚、美国、印度、加拿大、意大利等国都是一项流行的体育活动。

瑞典是拔河运动发达的国家之一,这项运动在英国也很普及。目前,英国拔河协会拥有300个拔河俱乐部。英国国家拔河队保持了750公斤级和640公斤级的世界冠军(以上的重量是指拔河队8名队员体重的总和)。

80年前,拔河运动在世界上极为普及,1900年至1920年的历届奥运会,拔河均为比赛项目之一。现在,每2年国际上组织1次世界拔河锦标赛。

3) 规则:

(1) 瑞典的比赛规则,比赛时运动员双脚站在事先挖好的小坑里不得移动,只用双手一次次交替地向后拉扯绳子,绳子在手中滑动。每场比赛为2分钟,终场时计算绳子拉往一方的长度决出胜利者。如果在2分钟内,绳子被一方拉过两米,比赛即停止,拉过两米的一方获胜。

(2) 英国的比赛规则大体上同我国的相似。运动员双手紧握绳子,脚跟着地,使身体与地面成45度角,脚蹬住地面,用全身的力量和身体重量,把绳子拉向自己一方。比赛没有时间限制。

英、瑞两队当时分别用两种规则进行比赛,瑞典协会发现,按英国规则比赛,气氛更加紧张、热烈,能够吸引大量观众。因此他们决定改变自己的规则,以利于开展国际比赛。统一后的规则为每支拔河队由8名运动员组成,依英国的规则进行比赛。

(3) 中国在比赛时,数人或数10人编成一队,与同等人数的另一队对抗,两队人分握一条粗绳的两端,绳子的中心拴一条红布条,与红布条相等距离两侧划两条平行横线为河界。一声令下后,各队运动员奋力向自己一侧拉绳子,直至将中心红绳拉过自己一方的河界为胜。由于此项运动只要求参赛人数相同,不按参赛人员的体重分级别,故往往取胜一方多是身体高大者。

11. 掰手腕(Indian Wrestle)

1) 定义:又称掰手臂或印度式摔跤。双方肘关节置于桌面相互反握右手,比赛臂和腕力的运动。

2) 比赛:20 世纪 50、60 年代出现的国际比赛。

12. 踢毽子(Shuttlecock Kick)

1) 定义:中国民间传统体育项目。又称踢箭子。

2) 起源:历史悠久,据考证是由蹴鞠转变而成。在唐代《高僧传》、宋代《事物纪原》及清明以后的《帝京岁时纪胜》、《广东新语》等历史文献中都有详细记载。

3) 比赛:该项运动在全国各地广为流传,北至东北地区、华北地区,南至江南各省及岭南地区的各族广大民众中普遍开展,并经常有组织地举办各类踢毽子的比赛活动。

4) 规则:比赛分单人踢、双人对踢和集体传踢等类型。该项运动简单易学,不受场地和器材的限制。

13. 滑草(Grass Slip)

比赛:新兴运动项目。脚穿重 2.5 公斤、比滑雪板短小的滑草板在草地上进行滑行竞速。目前国际上广泛开展。

14. 滑沙(Sand Slip)

比赛:是由滑水、滑轮板运动派生出的新兴运动项目。双脚固定在木质滑板上从沙丘高处滑下及做多种造型动作。滑板尚无国际统一尺寸。中国所用滑板长 1.3~1.5 米,宽 0.4~0.5 米,平底船形,可以坐 1~4 人。

3.2.3 空中项目

1. 信鸽(Homing Pigeon)

1) 定义:利用信鸽的特殊辨向和飞翔能力及归巢性进行的各种距离竞翔比赛。归巢最快者为胜。

2) 起源:驯养鸽子源于古代。2 000 年前,中外均有把信鸽作为通讯工具的记载。

3) 比赛:现代信鸽比赛项目有竞翔比赛和品评赛两种。前者是按不同距离以赛鸽归巢时间最快者为优胜的比赛。后者是对优胜赛鸽按其体型、手感和头部等综合评分决定优劣。1948 年国际信鸽联盟成立后,每年举行世界信鸽锦标赛,两年举行一次国际奥林匹克信鸽品评比赛。1984 年中国信鸽协会成立后,每年举行一次全国信鸽竞翔赛和品评赛。中国信鸽协会在 1990 年迎接第 11 届亚运会期间举行全国信鸽大赛和全国优胜赛鸽品评赛，1992 年在上海首届东亚运动会举行全国幼鸽大赛。目前中国主要的比赛有每年举行的国家赛和公棚赛。

(1) 信鸽竞翔比赛：信鸽比赛的一种。多在春、秋两季组织比赛。一般以空距200～400 公里为短程赛，500～800 公里为中程赛，800～1 000 公里为长程赛，1 400 公里以上为超长程赛。以分速快慢决出名次。

(2) 多关赛：信鸽竞翔比赛的一种。以若干不等距离为赛程，在规定时间内，参赛鸽必须完成 3 次(三关赛)或 5 次(五关赛)不等距离的比赛。以三关或五关的平均分速选定名次。其中一次不归巢或不能在规定时间内归巢即以失格论处。盛行于中国台北地区。

(3) 公棚赛：信鸽竞翔比赛的一种。信鸽在赛鸽棚集中管理、饲养和训练后进行的比赛。参赛者将一月龄左右的幼鸽在规定时间内送交指定鸽棚，由管理人员统一管理、饲养和训练。当年在同一地点、同一时间开笼进行比赛。以分速快慢决定名次，是一种比较公平的比赛形式。在中国，公棚赛分国际和国内两个组，国内外信鸽协会会员均可报名参加。每年 3～4 月向赛鸽棚送交幼鸽，10 月进行比赛。

(4) 信鸽品评赛：信鸽比赛的一种。对优胜赛鸽按体型、手感和头部三部分的优劣进行品评打分。参赛鸽必须有规定的资格。国际奥林匹克品评赛的资格是：雄鸽在各种正式比赛中累计飞行达 3 000 公里，雌鸽为 2 500 公里。中国信鸽协会品评赛的资格是：无论雌雄均应是当年比赛的前三名。分数最高者为冠军。中国每年举办全国信鸽品评赛。国际信鸽联盟每 2 年举办 1 次国际奥林匹克品评赛。

2. 风筝(Kite)

1) 定义：飞行的意义来自于鸟的启发。风筝其基本形状像个大鸟，它的正式名称叫纸鸢。鸢，也是一种大鸟，飞行时平展双翅，如静悬空中。《庄子》说过，风筝就是“御风而行”，《诗经》曾歌颂：“鸢飞鱼跃”。那种自由的飞翔令人神往。风筝的英语“kite”，这个词，在古英语中是“cyta”，恰好是鸢的意思。法语更有趣，称风筝为“ceyfvolant”，意思是“飞翔的鹿”。西班牙语“cometa”，便是彗星。在中国，五代的李邺，又给它加上一片竹簧，飞起来声如筝鸣，从此，才有了“风筝”的别名。风筝是以细竹条扎骨架，用纸或绢裱糊而成。放飞时拴上长线，迎风奔跑，利用空气升力将风筝升入空中。

2) 起源：起源于中国，传说早在春秋时期就有人制造出木制的鸢型风筝放飞上天，后来以纸代木，使风筝制作得更加精巧。

3) 比赛：从竞赛的角度将风筝的结构和形状分为龙类(含蜈蚣)、扳子类、软翅类、硬翅类、软翅串类、硬翅串类、板子串类、其他串类、软体类、复线立体类或复线操纵类，另有广告类，共 12 类。除了其他串类、软体类、复线操纵类和广告类以外，其他各类均分微型、小型、中型、大型、超大型。中国每年都举办国际风筝节，并举行比赛。

3. 飞镖(Darting)

1）定义:用镖掷击靶位的投掷运动。

2）起源:起源于澳洲,原为当地居民的一种狩猎工具,称“旋镖”。最早用石块制成,呈“U”形薄片状。狩猎时将镖掷出,若猎物未被击中,则镖自动飞回。现多用木料制成,一般为十字形,但也有W形、L形和U形。投掷时,手持镖的一叶,利用腕部力量将镖向前投出,使飞镖的旋转平面与水平面成一定斜度。

3）比赛:1983年在澳大利亚举行了第一次世界飞镖锦标赛。1983年在澳大利亚举办世界锦标赛。

4）规则:比赛时,以在一定时间内掷出和收回的飞镖最多者为胜,或计分法,将镖击中的目标分数累积相加,分数高者为胜。选手必须打中约50毫米×8毫米的扇形区域或直径12.7毫米的圆心才能结束比赛。

飞镖要求选手在投镖前一只脚牢牢地站稳,另一只脚用做辅助支撑,举镖的手及身体任何部位都不能晃动,排除一切杂念,凝神于目标,投镖时肩、肘、腕自然畅展运动;计算分是飞镖运动的重要环节之一,会算分、心算快的选手往往比同等技术水平的选手提前一至两轮收“Double”,并且使你镖打得流畅,命中率高。

(1) 镖:按国际竞赛规则,选手每次只许投掷3镖。

(2) 轮:每次各参赛选手均投掷完3镖为一轮。

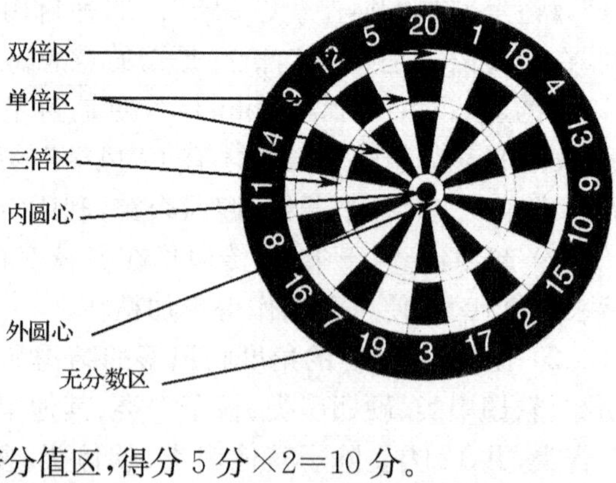

(3) 局:各选手均投掷完规定的轮数或已有选手提前或获胜、结束竞赛为一局。

(4) 分值区:靶圈外数字对应的扇形区域,投中此区得相应的分数。又称单倍分值区,简称“单倍区”。如打中数字5对应的扇形区域,得5分。

(5) 2倍分值区:在分值区内,位于外侧的环形区域。投中此区得2倍的相应分数,简称“双倍区”。如打中5分值区内的二倍分值区,得分5分×2=10分。

(6) 3倍分值区:分值区内,位于中间的环形区域。投中此区得3倍的相应分数,简称“三倍区”。如打中5分值区内的三倍分值区,得5分×3=15分。

(7) 单倍靶心区:靶心的外侧区域,投中此区得 25 分。

(8) 双倍靶心区:靶心的中央区域,投中此区得 50 分,简称"靶心"(双单倍靶心区为单倍靶心区包围的圆形区域,此区域为 50 分区,在软式飞镖规则中,当进行 301、501 竞赛时,内外中心区分值均为 50 分)。

(9) 镖盘分值分布:20 分区应在镖盘中心的正上方(即时钟 12 时的位置),而其他分值区从 20 分开始被交叉分为两种颜色,顺时针方向依次为 20 分、1 分、18 分、4 分、13 分、6 分、10 分、15 分、2 分、17 分、3 分、19 分、7 分、16 分、8 分、11 分、14 分、9 分、12 分、5 分。比赛 301、501 规则视单倍靶心区和双倍靶心区均为 50 分。

5) 场地器材:

(1) 镖盘:国际上通用的标准镖盘被称为"时钟"盘。它的直径约 46 厘米,有 20 个带有数字编号、大小均匀、馅饼状的切面,中心有牛眼(红心)。镖盘的挂置高度是从镖盘的中心距地面的距离,一般为 1.73 米。投镖线与镖盘的直线距离世界各地不完全统一。英国最具影响的国际新闻锦标赛规定为 2.44 米。美国飞镖锦标赛为 2.37 米。

(2) 飞镖:也称镖头、箭头。由镖尖、镖管、镖杆及尾翼四部分组成。重量通常在 10~40 克之间。飞镖的尾翼是用羽毛制成的。

4. 飞盘(Fly Plate)

1) 定义:一种投盘运动。

2) 起源:20 世纪 60 年代始于美国,后流行各国。

3) 比赛:1974 年起每年有 1 次世界飞盘锦标赛。个人投远、自由飞、终端飞盘、双投、飞盘高尔夫等。

4) 器材:飞盘呈圆形有卷边,直径 25 厘米,厚约 5 厘米,手指和手腕用力,使之在空中旋转起飞。

5. 航空模型(Aviation Model)

1) 定义:凡是不能载人、符合一定技术要求,重于空气的飞行器都可以成为航空模型。

2) 起源:从 19 世纪 40 年代末起欧美就有人制作一些人工动力的航空模型飞机放飞,但都因为动力功率不大没能成为有实际意义的飞行。直到 1896 年美国人兰利制造了以机械推进的蒸汽动力模型发动机,依靠自身动力飞行了 800 米,宣告模型飞机正式诞生。20 世纪初随着载人飞机问世后,航空模型飞机也得到迅速发展。20 年代以后在欧美地区普遍展开,航空模型飞机已能飞行 2 公里以上。

3）比赛：1926 年以后，国际航空运动联合会每年都要举办各种国际航空模型比赛。现代航空模型运动竞赛把测定留空时间飞行速度、直线距离等项作为航空模型记录项目。航空模型运动分为：F_1～$F_4$4 个级别，分别为自由飞行、线操纵圆周飞行、无线电遥控飞行。

4）规则：

（1）航空模型分类

① 航空模型按动力方式分类为无动力的手掷模型滑翔机、弹射模型飞机、橡筋动力模型飞机、活塞发动机模型飞机和喷气发动机模型飞机、电动模型飞机。

② 航空模型按控制方式分类为自由飞行类、线操纵类、无线电遥控类。

（2）国际航空模型分级

① 自由飞类(F1 类)(Free Flight)：这种模型飞机在飞行中与运动员或他的助手之间没有直接的连接，所以称为自由飞。规则中允许的项目可以使用无线电遥控。

② 线操纵圆周飞行类(F2 类)(Control Line Circular)：这种模型飞机在飞行过程中，运动员在地面通过一根或几根与模型飞机直接相连的、没有伸缩性的线或钢索控制模型飞机，操纵模型飞机的舵面，从而利用空气动力改变模型飞机的飞行姿态、飞行高度，实现模型飞机的机动飞行。

③ 无线电遥控飞行类(F3 类)(Radio Controlled)：这种模型飞机在飞行过程中，运动员在地面通过无线电遥控操纵其舵面，利用空气动力改变模型飞机的姿态、航向、高度而获得机动飞行。

④ 仿真模型飞机(又称像真模型飞机)(F4 类)(Scale Models)：是一种按照重于空气的载人航空器加以缩小复制的模型飞机。

5）场地器材：

（1）在国际正规比赛中，航空模型的技术要求为：

最大升力面积：1.5 平方米。

最大重量：包括燃料在内的最大重量为 5 千克。

活塞发动机最大工作容积：250 毫升。

（2）航空模型基本组成部分：机翼、尾翼、机身、起落装置、发动机装置五部分。

3.2.4 棋牌类项目

1. 中国象棋(Chines Chess)

1）定义：是以黑、红子代表两军对垒的智力竞技，是科学与艺术相结合的运动。

2）起源：早在唐朝宝应年间(公元 762—763 年)，中国就流行象戏，与现行的象棋体制相近。南宋时的象棋体制已与现行体制相同。古代士大夫们的修身四艺(琴、棋、书、

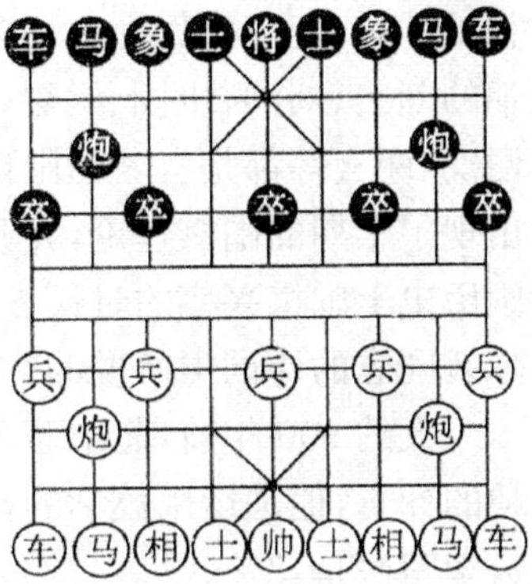

画)中便有"棋"这一项。

3）比赛：中华人民共和国成立以后，中国象棋被列入全国正式体育比赛项目。1990 年在新加坡举办了第 1 届世界象棋锦标赛。目前，世界上有 40 多个国家和地区建立了中国象棋组织。

4）规则：中国象棋的棋盘为正方形，上面有多个交叉点，棋子摆在这些交叉点上，棋盘中间没有划通直线的地方叫"河界"，上方和下方划有交叉线的地方叫"九宫"。棋子共有 32 枚，分为红黑两组，由对弈双方各执一组，各有一帅(将)、两士、两相(象)、两车、两马、两炮、五兵(卒)。走法是一方先走，然后轮流下子，以把对方"将死"、"困死"或对方认输为胜，不分胜负为和棋。

中国象棋棋手划分为三个等级，从高到低依次为国际特级大师、国际大师、国内大师(有特级大师和大师之分)。等级的划分是根据棋手在正式比赛中所获成绩折算成等级分来确定。

2. 围棋(Encirclement Chess)

1）定义：围棋是一项两人对弈的智力型运动。

2）起源：在《广博志》中关于乌曹作围棋的记载。另外，《左传》、《论语》、《孟子》以及刘安《淮南子》、扬雄《方言》等古籍中，也都有关于围棋的记载。在古代，将琴、棋、书、画

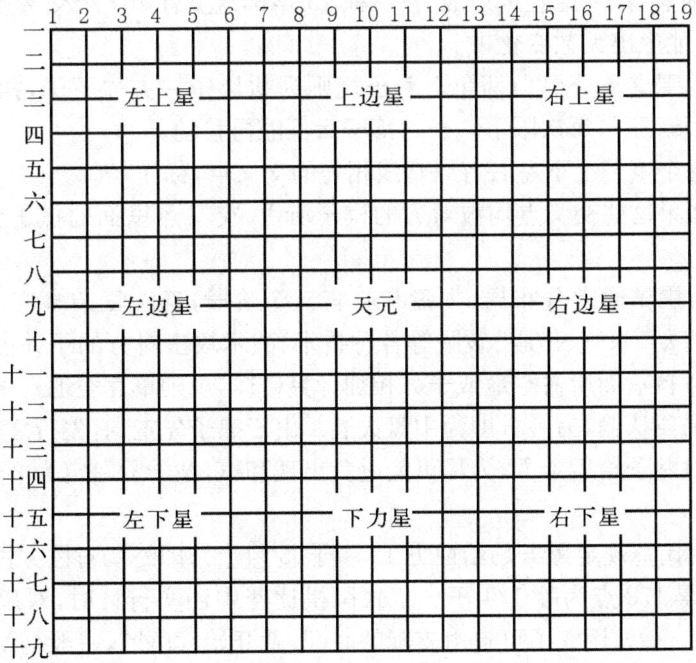

相提并论，把弈棋作为一种典雅的象征。围棋成为文人墨客吟诗作赋和绘画的题材。汉朝的刘去、刘洵、班固、马融，三国时期的曹操、孙策、陆逊、孔融，两晋时的司马炎、王导、谢安、谢玄等都是有名的围棋爱好者。南北朝的皇帝中，多有围棋的癖爱。三国时就已出现了早期的围棋理论，并开展过关于围棋意义和作用的争论，以后的两晋南北朝是我国历史上围棋兴盛的时代。通过这一过程，使围棋在中华大地上深深地扎下了根，正如陈毅同志的诗词中所说的"中国绝艺，源远根深"。

大约 900 年前，北宋著名科学家沈括在《梦溪笔谈》中，就围棋的变化曾做过一次有趣的计算，他是运用数学的排列组合理论和指数运算法则进行的。他计算的结果用现代数学写法是：3^{361}。

3）比赛：黑白双方你来我往，一人一着，可以认为权利是均等的。分先的对局，为了抵销第一着黑方先下的有利条件，可规定黑方贴出若干子给白方，以求平衡。

目前由国家体委组织的正式国内围棋赛有三个，即全国团体赛、个人赛和升段赛。团体赛、个人赛分男子和女子，升段赛则不分男女。

（1）NEC 中日围棋擂台赛；

（2）世界业余围棋锦标赛；

（3）"富士通"杯赛；

（4）"应氏杯"杯赛。

4）规则：下围棋只需要一个棋盘和黑白棋子各 180 粒，设备简单，并且不受场地的限制。棋盘由横竖各 19 道直线组成，在纵横 19 路棋盘上有 361 个交叉点。棋子就下在这些交叉点上，能生出无数变化来。

（1）棋子：围棋子分黑白两色。着子规则为执黑子一方先下子，执白一方继下一子，对弈双方轮流下子，每次限下一子。落子后不能再移动。

（2）气：每个棋子上下左右有以直线相连的交叉点，称作"气"。

（3）吃：如果这些交叉点均被对方的棋子所占，交叉点里面的棋子就没了"气"，即为对方所"吃"。

（4）对弈：围棋通常分布局、中盘和收官三个阶段，着法复杂多变，对局双方运用围、拦、断、逼、打劫、杀气、做眼、破眼等各种技术、战术攻击对方的子并占领空地。终局时对局双方将各自盘面所占空地或子数相加计算（日本规则单算空地），多者为胜。如对局一方未到终局便认输，另一方即为中盘火胜。由于黑子先走，有先行之利，规定先行一方必须在终局时贴子给后走方，为尽可能避免出现和棋，贴子数目定为 2 子（日本规则为 5 目半）。

（5）胜负：比赛规定黑方贴给白方 11/4 子（5 目半），即终局对黑方占得 184 点为胜 3/4 子，白方占得 178 点为胜 1/4 子。正式围棋比赛中还实行计时，对双方的时限是一致的，超时判负。一方用完了可自由支配的时间，就开始"读秒"，一般是每一步棋的时间不得超过1分钟。在围棋比赛中，作为一个棋手，面对瞬息万变的局势，耳听滴咯作响的“读秒”声，其紧张状态是不难想像的。一个妙着，可制对手于死地；但稍有闪失，亦会全军覆灭。因此既要敢于断杀，又要冷静分析。下围棋能锻炼人们坚毅、果敢的意志，又能培养人们沉着冷静地判断全局的能力。

3. 国际象棋(Chess)

1）定义：是两人对弈的一项智力型运动。国外称象棋，在我国为了区别于中国象棋而冠以“国际”两字。

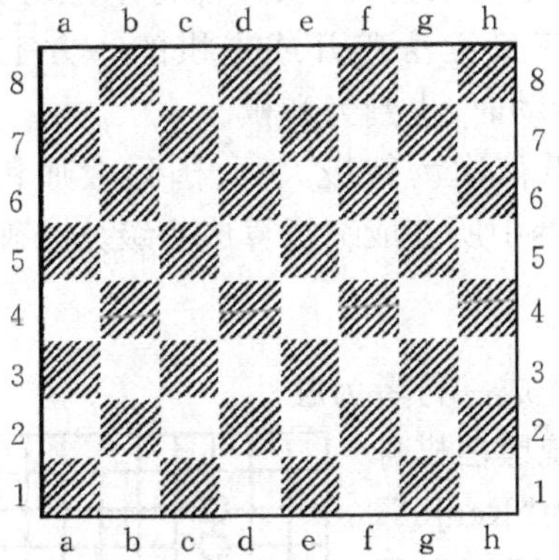

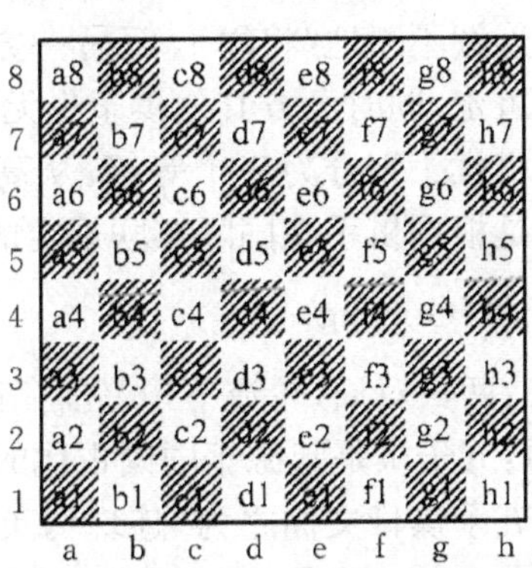

2）起源：相传起源于亚洲，是亚洲人的创造发明，它已有着将近2 000年的悠久历史。关于它的发源地，20世纪60年代以前，前苏联的棋史学家认为是在古时的印度，五六世纪时在印度流行的四方棋是原始国际象棋的前身，这是国际象棋的印度起源论。但十余年来，英国、前南斯拉夫、前苏联等国的棋史学家著文提出许多反证材料，指出国际象棋和中国传统的象棋一样，都是由中国春秋战国时期一度十分流行的六博棋逐渐演变而来的，因而他们认为国际象棋的最早发源地不在印度，而在中国，是欧洲人把它改造成现在这种国际象棋的。从我国出土文物看，早在北宋以前饰有“琴、棋、书、画”图案的织锦上，表示“棋”的就是一个由8×8黑白格相间的小格的国际象棋棋盘，可见至少在千年以前，我国民间已有类似现在流行的这种国际象棋。

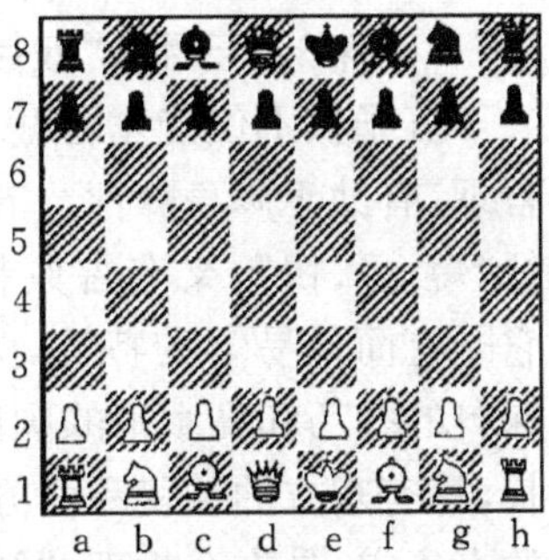

3）比赛：19世纪中期，国际象棋开始成为正式的比赛项目。1924年曾被列为奥运会的正式比赛项目，同年成立了“国际棋联”。目前，国际棋联主办或委托成员国协会举办的重大世界性比赛有：

（1）国际象棋奥林匹克赛；

（2）世界团体锦标赛；

（3）男女个人世界冠军赛；

（4）大学生世界团体赛；

（5）少年世界冠军赛；

（6）各大洲的国际象棋团体赛。

4）规则：国际象棋棋盘为一正方形盘。盘面有纵横各8格、深浅两色交错排列的64个方格。棋子是立体形状的，分黑白两组，每组16枚棋子，由一王、一后、双车、双马、双象和8个兵组成。着子规则比较简单，白棋先走，黑棋后走，双方轮流走子，一次走一步，棋子必须下在棋盘的方格上。比赛以将死对方的王为胜，双方都将不死对方的王为和棋。如一方连续不断地"将军"，而另一方的王又无法避开或走棋的一方王虽未被"将军"，但无路可走，同时己方其他棋子也无法活动时，也判为和棋。

国际象棋棋手划分为三个等级，从高到低依次为特级大师、国际大师和棋联大师。等级的划分是根据棋手在国际棋联规定的比赛中所获成绩折算成等级分来确定的。

4. 五子棋(Gobang)

1）定义：两人对局，轮流下子，先将五子连成一行者为胜。

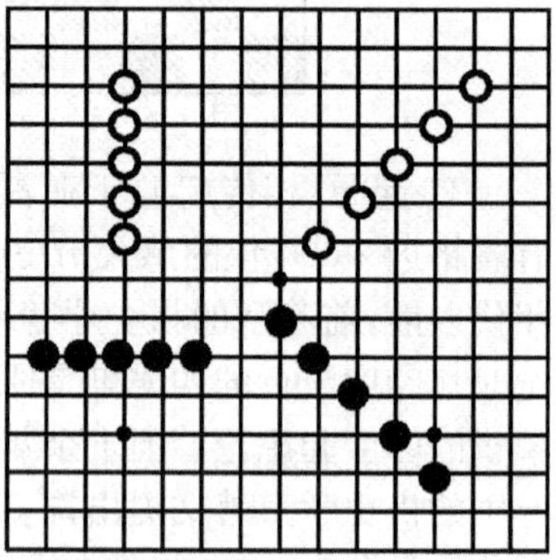

2）起源：五子棋是起源于中国古代的传统黑白棋种之一。现代五子棋日文称之为"连珠"，英译为"Renju"，英文称之为"Gobang"或"FIR"，亦有"连五子"、"五子连"、"串珠"、"五目"、"五目碰"、"五格"等多种称谓。

五子棋不仅能增强思维能力、提高智力，而且富含哲理，有助于修身养性。五子棋既有现代休闲的明显特征"短、平、快"，又有古典哲学的高深学问"阴阳易理"；它既有简单易学的特性，为人民群众所喜闻乐见，又有深奥的技巧和高水平的国际性比赛；它的棋文化源远流长，具有东方的神秘和西方的直观；它既有"场"的概念，亦有"点"的连接。它是中西文化的交流点，是古今哲理的结晶。

3）规则：

阳线：棋盘上可见的横纵直线。

阴线：棋盘上无实线连接的隐形斜线。

（1）连：在棋阳线和阴线的任意一条线上形成的有5个或5个以上的同色棋子不间隔地紧紧相连。

① 五连：在棋盘上形成的5个同色棋子的"连"。

② 长连：在棋盘上形成的6个或6个以上同色棋子的"连"。

（2）"四"：包括"活四"和"冲四"。

① 活四：在棋盘某一条阳线或阴线上有同色4子不间隔地紧紧相连，且在此4子

两端延长线上各有一个无子的交叉点与此4子紧密相连。

② 冲四：除“活四”外的，再下一着棋便可形成五连，并且存在五连的可能性的局面。

③ 白棋再下一着可形成长连的局面也视为“四”。

(3) “三”：指活三，包括“连三”和“跳三”。

① 连三：在棋盘某一条阳线或阴线上有同色3子相连，且在此3子两端延长线上有一端至少有一个，另一端至少有两个无子的交叉点与此3子紧密相连。

② 跳三：中间仅间隔一个无子交叉点的连三，但两端延长线均至少有一个无子的交叉点与此3子相连。

(4) 禁手：对局中禁止使用的着法。

① 黑棋禁手包括“三三”、“四四”和“长连”。

② 白棋无禁手。

(5) “四三”：指某一方同时具备两个先手，其中一个是“四”，一个是“活三”。

先手：对方必须应答的着法，其中“冲四”称为绝对先手。

(6) 三手可交换：是指黑棋下盘面第3着棋后，白方在应白4之前，如感觉黑方棋形不利于己方，可提出交换，即执白棋一方变为执黑棋一方，而黑方不可以不换。

(7) 五手两打：是指黑棋在下盘面上关键的第5手棋时，必须下两步棋，让白棋在这两步棋中任选一步，然后再继续对弈。一般说来，白棋肯定拿掉对白方不利的一点，而保留对黑方较为不利的那点让黑方行棋。

(8) 下法

① 对局双方各执一色棋子，黑先、白后交替下子，每次只能下一子。

② 棋子下在棋盘的交叉点上，棋子下定后，不得向其他点移动，不得从棋盘上拿起另落别处。

③ 黑方的第一枚棋子应下在天元上。

5. 桥牌(Card Game)

1) 起源：现代桥牌是由一种叫“惠斯特”的牌戏发展来的。惠斯特是17世纪以后流行于英国的一种4人扑克牌打法，据说3名驻扎印度的英国军官因牌手不够，把一家牌摊开于桌上，由对家打，于是“惠斯特桥牌”产生了。

2) 规则：

(1) 牌：桥牌所使用的52张扑克牌，共分梅花、方块、红心、黑桃4个花色。4种花色有高低之分，按照英文各自开头一个字母的顺序排列而成，即梅花(Club)为C，方块(Diamond)为D，红心(Hearts)为H，黑桃(Spade)为S。其中梅花和方块为低级花色，每墩20分；红心和黑桃为高级花色，每墩30分。每一种花色有13张牌，顺序如下：A(最大)、K、Q、J、10、9、8、7、6、5、4、3、2(最小)。

52张牌平均分配，每人13张；其中6墩为本底墩数，6张以上的牌方可算作赢墩。

如果用户做 4H 定约，就是红心为将牌，取到 10 墩牌。桥牌规则规定，定约基本分达 100 分以上者方算成局，否则为未成局。成局分别奖 300 分和 500 分，未成局只奖 50 分。也就是说，要想成局，梅花和方块必须定约到 5 以上，即拿足 11 墩牌；红心和黑桃只需定约到 4，即拿到 10 墩就行了。

除了有将定约以外，桥牌中还有无将定约(No Trump)，即打无主牌，这种定约第一墩为 40 分，第二墩以后均为 30 分，也就是说，无将定约达 3 级时，即拿到 9 墩牌时便成局了。

(2) 叫牌：发牌之后出牌之前要进行叫牌。叫牌要用特定的符号和用语来进行。按规定由发牌者首先叫牌(通常先是北，以后轮换)，根据牌点的高低，发牌者可叫也可不叫，此后，再由他的下家(左方)叫牌，依次顺时针轮流进行。如果四家全都不叫，这副牌就宣告作废，由下家重新发牌。

当一家开叫后，任何一家可以根据花色类别的次序在更高水平上争叫，只要在前一家同类墩数上叫更高一个数或在更高一类(花色或无将)上叫同一墩数均可。类别的排列如下，无将(最高)、黑桃、红心、方块、梅花(最低)所以叫 1 个黑桃比叫 1 个红心高，叫 2 个梅花比叫 1 个无将高。直到三家不叫表示承认为止。叫得最高的那个花色就是将牌花色(或无将)，而该级别的数字就是定约的水平，两者合称定约。

叫牌的目的是使同伴之间互通牌情，以便找到最佳定约，或者干扰对方选择出最有利的定约，以此达到战胜敌方的目的。在叫牌过程中，后一位叫牌者所叫的内容必须在花色或数量上超过前一位叫牌者所叫的内容。例如北开叫 1NT，东争叫 2H，南持梅花套，必须应 3C；西支持同伴，叫 3H 即可。

(3) 定约：所谓定约，是指经过叫牌最后由一方确定经另一方同意的一个叫牌级数协定。确定定约的一方称定约方，其宗旨是要完成定约；同意的一方称防守方，其目标是击垮敌方的定约。

定约分有将定约和无将定约两种。有将定约是确定某一花色为将牌。将牌除可以在本花色中赢墩外，还可以将吃其他三门花色(假如没有这个花色的话)。

无将定约就是没有将牌的定约，其输赢只根据同一花色中的每一张牌的大小来定，假如大家没有这个花色，只好出其他花色，这称为垫牌，不论大小，都不能赢墩。

定约又分成局定约和不成局定约，定约分数满 100 分的，叫做成局定约，定约分数不足 100 分的，叫做不成局定约。两者的奖分和罚分都不一样。

(4) 加倍：加倍是叫牌过程中经常出现的一个名词，它的原意为防守方的一家认为定约方的定约肯定会被己方击败，他就叫“加倍”以示惩罚。

现在加倍的含义已经被引申为各种意义，不再单独作为惩罚而用。如定约方对防守方所叫的“加倍”不以为然，相信己方仍有把握完成定约时，可叫“再加倍”来惩罚加倍方。再加倍定约，定约方的得失分均按四倍(基本分乘以 4)计算。加倍的符号用“x”表示，再加倍的符号用“xx”表示。

(5) 打牌：一个定约(无将或有将)在叫牌时被确定之后，防守方位于庄家左手的一家称为首攻人，也就是由他打出第一张牌。首攻人的下家在首攻实现后将自己的牌全部摊开，按同花色摆成四列，此家称为明手。明手的对家是庄家(又称定约人、暗手)，他负责打明、暗两手的牌。明手出牌后，就轮到首攻人的同伴出牌，最后轮到定约人出牌。至此，桌上共有 4 张出过的牌，每家 1 张，称为 1 墩牌。每家必须随出牌者出同花色的牌，如手中已无这种花色，则可用将牌(任何一张将牌都大于其他种花色的牌)将吃或垫掉一张闲牌。在 1 墩牌里，如果有将牌，则最大的将牌是赢牌。第二轮的出牌由赢得第一墩的那家先出，其他仍依顺时针方向出牌，直至 13 张牌全部出完。

第4章

极限运动

4.1 极限运动概述

4.1.1 极限运动的概念

极限运动(Extreme Sports)是指人类在与自然的融合过程中,借助于现代高科技手段、最大限度地发挥自我身心潜能,向自身挑战的娱乐体育项目。除了追求竞技体育超越生理极限的"更高、更快、更强"外,她更强调参与和勇敢精神;在跨越心理障碍时所获得的愉悦感、成就感;人类在与自然的融合过程中,借助于现代高科技手段、最大限度地发挥自我身心潜能,向自身挑战。同时她还体现了人类的返璞归真、回归自然的心愿,强调了对绿色环保、生态平衡的美好愿望,因此被誉为"未来体育运动"。

极限运动在当今发达国家和中等发达国家中相当普及,被青少年视为时尚和新潮的体育运动,已成为都市文化的主要特征之一。极限运动的本质可解释为:

(1) 是一种介于竞技体育运动与全民健身运动之间的休闲体育运动项目;

(2) 是一种人类向自我极限(包括生理和心理)挑战的体育运动项目(竞技体育运动主要是向自我生理极限挑战);

(3) 是一种新兴的、在体育场馆以外、与大自然融为一体(重新回归大自然)的户外娱乐体育运动项目;

(4) 是一种需要地方综合经济实力支撑和充分体现现代高科技水平的体育运动项目;

(5) 极限运动项目能最大限度地发挥自我身心潜能,极富自我挑战性、高科技渗透性和商业运作性,是国际上公认的"未来体育运动"。

4.1.2 极限运动的起源

人类在自然的怀抱中创造了文明,文明却正在使人类远离自然。也许是人类在远离自然的文明世界生活得太久了,在都市文明所带来的便捷中逐渐陷入身心的困倦之后,便开始渴望回归自然。按捺不住心情的都市新潮一族，首选渴望冲出都市文明的封锁，去和自然对话，还原人类作为大自然中一员的本色，表现人类最本质的能力。极限运动的兴起，正好满足了人类的这一需求。

此外，与传统体育项目(包括奥运会项目)相比，极限运动更富有超越身心极限的自我挑战性、观赏刺激性、高科技渗透性、商业运作性。当体育的本质越来越被金钱的光芒掩盖时，众多奥林匹克运动项目也逐渐被众多的问题困扰，作假、黑哨、兴奋剂、贿赂丑闻等等不一而足；体育运动愉悦身心、完善人性、回归自然的本质被逐渐淡化；体育精神遭受到空前的质疑与信任危机。然而在广大民众视线之外的非主流运动项目中，却潜藏着一股回归自然、融入自然、挑战自我，达到“天人合一”思想境界的清流——极限运动。在欧美各国及各发展中国家，极限运动已悄然成为都市青年最流行、最持久的时尚运动，参加极限运动会已成为广大都市青年梦寐以求的愿望。

极限运动的兴起，使人们逐步离开传统的体育场馆，走向荒野，纵情于山水之间，向大自然寻求人类生存的本质意义。置身户外，以冒险形式所展现的极限运动为人们超越自我、挑战极限提供了可能。水上摩托和冲浪运动，让您充分体验在蓝天碧水间风驰电掣、搏击海浪的潇洒；白浪蛮牛、激流皮划艇和白水漂流让您在万流奔腾中历经一泻千里、惊涛骇浪的激越；蹦极跳、攀岩运动又使您感受到了“跃向重力、扶摇直下”的惊险；山地自然这个博大精深、美丽而凶险的演练场里，我们抛弃了现代文明带来的舒适与慵懒，拥有了与自然共存的能力，充分体会到一种回归人的本性与初衷、检验人的智慧与力量的乐趣……有什么比求生更能体现人与自然界中的万物生灵所共有的本能呢?

4.1.3 极限运动的发展

极限运动在我国应该说是有相当基础的，在涉及的海、陆、空三大领域的极限运动项目中，我国的运动健儿都屡有收获。在许多大、中、小学，很多种类的极限运动项目成为学生的体育课程或选修课程。各种形式的极限运动培训班、俱乐部更是数不胜数……

在水上项目方面，我国滑水、激流皮划艇、探险漂流、摩托艇、水上摩托的运动员在世界性大赛上多次摘金夺银，涌现出鄂敏、彭林武、边艳英、长江第一漂、黄河探险漂流队等一大批世界冠军和民族英雄。1986年，以姚茂书为代表的“长江第一漂”，英烈壮举至今让人回想起来仍荡气回肠、热血沸腾，由此所产生的漂流冲击波更是波及神州大地、名山大川，形成了一股热烈、持久的漂流精神、漂流文化……目前，我国的营业性漂流场所已经有150多家，而各种群众性、自发性的漂流探险活动更是不胜枚举。虽然我国水上运动及相关体育产业、俱乐部起步较晚，但在许多沿海沿江城市已呈星火燎原之势……

在陆地项目方面，广大滑板、轮滑爱好者在川流不息的人流中如鱼得水、穿梭不息，旋转、急停、闪、躲、腾、挪等动作让人看了似有眼花缭乱，目不暇接，耳目一新的感觉。

空中项目中的攀岩，是都市人圆登山梦的最佳方式。我国的登山队曾 7 次登上珠穆朗玛峰，那种“会当临绝顶，一览众山小”的英雄气概，不禁使每一位中国人热血沸腾、为之自豪。如今人们根据现代都市的特征和要求，把这项专业性、地域性、耐力性要求极强的运动，进行了因地制宜地普及和传播，使之更加大众化、平民化。当你在四肢并用的向上攀爬中，发挥你最原始的潜能——僵硬的手臂、麻木的手指、乱颤的双腿让你体验极限的滋味；当你耗尽了最后一点体力从岩壁上脱落的一瞬间，体会到的是真正的刺激，感受到的是完全的释放；当你竭尽全力攀爬到顶点，那种实现了自我的成就感和超越自我的快感，将成为你下一次攀登原动力。

4.2 极限运动项目欣赏介绍

4.1.1 水上项目

1. 冲浪(Surf)

1）定义：由运动员站立在冲浪板上驾驭海浪的水上运动。

2）起源：早在 18 世纪 80 年代即在夏威夷群岛出现。现流行于北美、秘鲁、南非和澳大利亚。

3）规则：活动时，运动员先俯卧或跪在冲浪板上，用手划到有适宜海浪处，当海浪推动冲浪板滑动时，运动员在板冲至浪峰前面时乘机站起，两腿自然开立(通常平衡腿在前，控制腿在后)，两膝微屈，随浪快速滑行。

4）场地器材：冲浪板用泡沫塑料制成，长 1.50～2.70 米，宽约 60 厘米，厚 7～10 厘米，重 11～26 千克，前后两端稍窄小，后下方有一尾鳍，作稳定用，板面涂有蜡质外膜，以增加摩擦力。

2. 摩托艇(Motorboat)

1）定义：运动员操纵机械动力船艇在水上竞赛的运动项目。

2）起源：19 世纪末德国首先建造了第一艘机械动力小气艇，它是在内燃发动机诞生以后出现的。1903 年美国成立美国动力艇协会，开始组织比赛活动。1908 年第 4 届奥运会曾把该项运动列入比赛项目，此后奥运会再也没有设立该项运动。1922 年国际摩托艇联盟在比利时布鲁塞尔成立。

3）比赛：摩托艇的比赛形式为闭合场地的环圈竞速。一级方程式(简称 F1)摩托艇世界锦标赛是由国际摩托艇联合会(简称国际摩联)发起组织的集竞争性、观赏性和刺激性于一体的体育竞赛项目。

F1 摩托艇赛是指一种要求运动员在围绕固定的标记进行的时左时右转弯的环圈计时赛，比赛速度可达 220 公里/小时。

(1) 技术：起航、加速、绕标、超越和冲刺等。比赛过程马达轰鸣、浪花飞溅、高潮迭起、扣人心弦。

(2) 项目竞速艇(船)、运动艇(船)、游艇(船)、汽艇、水上摩托、气垫(船)艇、喷气(船)艇、电动(船)艇等运动。

水上摩托根据驾驶方式分为座式水上摩托和立式水上摩托(也称滑水型水上摩托)两种类型，目前国际摩托艇联合会正式设立的比赛级别为：

① 立式水上摩托 800cc；

② 座式水上摩托 1 200cc。

4) 规则：

(1) 障碍赛比赛形式是运动员在闭合赛场进行的忽左忽右绕标驾驶或跨越障碍的竞速比赛，

(2) 耐力赛比赛形式是运动员在围绕固定的标记进行环圈比赛。

(3) 花样赛是运动员利用水上摩托在规定的时间内充分展现骑手在难度性、挑战性和创造性上的技巧和专门技术的比赛；比赛时运动员所展示的空翻、潜水、跳跃等高难动作，将使观众眼花缭乱、目不暇接。

5) 场地器材：比赛用艇为双浮体式滑行艇，封闭式座舱，长 4.8 米、宽 1.8 米、深 0.8 米、重 450 公斤。发动机为二冲程艇外挂机，冲灌式冷却，排量 2 000cc，转速 11 000rpm，艇速可达到 220 公里/小时，一条 F1 摩托艇价值 6～8 万美金。比赛一般设在没有各种航程标志的一定长度的自然水域的航道上进行，有直线、环圈、障碍赛等比赛方式。

3. 滑水(Water Skiing)

1) 定义：滑水也叫水橇滑水，其前身是滑板滑水。运动员脚穿水橇或赤脚由机动船牵引在水面滑行，并做旋转、跳跃等动作。

2) 起源：20 世纪初，欧洲滑雪运动员在训练中偶然滑过了冰雪融化的小河，成为滑水之始。1921 年法国人使用雪橇由机动船牵引在里昂湖上成功地作了滑水表演，同年法国出现了第一个滑水运动小组，活动逐步遍及欧美。

3) 比赛：1946 年世界滑水联合会成立，1947 年举行了欧洲第 1 届滑水比赛，1949 年在法国举行了第 1 届世界滑水比赛。

4) 规则：水橇滑水分为花样滑水、障碍滑水和跳跃滑水。

(1) 花样滑水：就是滑水者利用各种手拉、拖绳或脚拖绳等方式，完成转体、跨越拖绳和空翻等动作。

(2) 障碍滑水和跳跃滑水：滑水者酷似回转滑雪，即滑水者在呈 S 型的场地中连续通过一定间隔的 6 个障碍标。

5）场地器材：

花样滑水：比赛场地长175米，两端各有15米的准备区，比赛时运动员可以有两个滑程，第一个滑程与第二个滑程通过的方向相反，每一个滑程的时间为20秒钟。两个滑程中，运动员可以任意选做所规定的花样动作，花样动作的编排次序表，须在规定的时间内呈交裁判委员会。花样动作由单橇和双橇，手拉成脚勾牵引绳，前进或后退（正滑、倒滑）以及水面和空中转体，跳跃等组成。一滑摔倒，可在第二滑程开始前通知裁判员，重新进行第一滑程动作。裁判组由5人组成，按花样动作分值表计算分数，预赛和决赛的得分相加，得分多者名次列前。

4. 潜水(Diving)

1）定义：为运动员穿戴特制用具，在江河湖海自然水域或在游泳池中进行的水下比赛。

2）起源：神游海底是人们由来已久的愿望。早在2 800年前，米索不达文化全盛时期，阿兹里亚帝国的军队用羊皮袋充气，由水中攻击敌军，这也许就是潜水的老祖宗了。距今1 700年前的中国史书《魏志倭人传》中，就已经有了海边渔夫在海里潜水捕鱼的场面描写。到了1720年，一个英国人利用一只定做的木桶潜到水下20公尺深的地方成功地进行了海底打捞。

今天的潜水前身，则要算160年前英国的郭蒙贝西发明的从水上接帮浦运送空气的机械潜水，也就是头盔式潜水。这种潜水于1854年首次在日本出现。1924年开始使用玻璃做潜水镜，并利用帮浦从水面上吸取空气的"面罩式潜水器"，这是水肺潜水器材的前身。就在这年日本人使用面罩式潜水器潜入地中海底70公尺，成功地捞起沉船"八阪号"内的金块，震惊了全世界。在二次世界大战期间，开发了一种特殊军事用的"空气罩潜水器"，采用的是密闭循环式，并有空气瓶的装置。二战末期，法国开发了开放式"空气潜水器"，1945年前后这种潜水器在欧美非常流行。近几年来由于潜水器材的进步，带动潜水运动蓬勃发展，投身于潜水和喜欢潜水运动的人也越来越多。

3）比赛：20世纪50年代，潜水在欧美各国普遍展开，国际潜水运动组织经常组织国际性潜水运动比赛，比赛时使用的器具也日益先进完备。

4）规则：现代潜水运动有水下橄榄球、水下狩猎、水下定向、携呼吸器潜泳、屏气潜泳、带脚蹼潜泳等项目。

潜水种类：

（1）由潜水器分有：硬式潜水、软式潜水、半闭锁回路送气式、应需送气式、自给气式。

（2）由潜水方式分有：非饱和潜水、饱和潜水。

（3）由呼吸气体种类分有：空气潜水、氮气粟氧气混合气体（人工空气潜水）、氦气亲氧气混合气体(人工空气潜水)、氢气亲氧气混合气体(人工空气潜水)、其他混合气体。

5) 场地器材:

(1) 面镜:欣赏水底世界的窗户。

(2) 呼吸管:水肺潜水员在水面休息或游动时使用,以节省气瓶中的空气。

(3) 蛙鞋:使游动不费力。

(4) 浮力调整装置:在任何深度保持中性浮力。

(5) 水肺气瓶:供水中呼吸之用。

(6) 调节器:将水肺气瓶内的空气减少到可用的程度。

(7) 综合仪表:将时间、深度、方向、温度及空气供应量综合在一起,起到一目了然的作用。

(8) 潜水衣:保持身体温度,并防止碰伤及擦伤。

4.2.2 陆上项目

1. 定向越野(Orienteering)

1) 定义:利用指南针、地图,锻炼利用地图、换算比例尺、认识等高线、判定方向等技能的智力和体力的运动。

2) 起源:1886 年瑞典,那里森林湖泊广布的复杂地势使地图和指南针显得尤为重要。1895 年,在瑞典挪威联合王国的一处军营举行了第一次正规的定向比赛,之后在北欧国家得以发展。1918 年,瑞典的童子军领袖吉兰特少校在森林中组织了一次依靠地图和指南针进行的"寻宝游戏",这便是定向运动的雏形。此后,定向运动由于它组织方法简便、科学,使用的器材轻巧,在没有污染的大自然中进行,既有体育锻炼价值,又能增长地理学、地形学以及有关的动植物学知识,因此受到欧美各国体育爱好者的欢迎,成为北欧仅次于足球运动的热门体育活动。1996 年在瑞典有 3.9 万人参加了比赛。1977 年国际奥委会承认国际定向协会,简称 IOF。

3) 比赛:1961 年以瑞典、挪威、丹麦、芬兰等国家为首,在丹麦首都哥本哈根成立了"国际定向运动联合会",现在已有 27 个会员国。1985 年 9 月在澳大利亚举行了第 16 届世界定向运动锦标赛,是首次在欧洲以外举行这一项目的世界锦标赛,有 20 多个国家的运动员参赛。

世界锦标赛是在单数年举行,而在双数年则是世界杯赛。世界锦标赛包括三项比赛,无论是男子还是女子,它们是长距离赛、短距离赛和接力赛。1977 年,跑步定向赛正式成为奥林匹克运动项目之一。

4) 规则:国际上盛行的比赛方法是:在一条长 3 英里或 10 英里的路线上,根据参赛者的经验,设置 5 到 10 个自然或人造目标,每个目标都用不同的字母或数字作为标志。参赛者携带罗盘,按照注有目标特征的地图顺序寻找,找到目标后,即将标志这个目标的字母或数字记下。以最短时间找到所有目标者为优胜。

比赛有越野定向赛、夺分式定向赛、接力式定向赛三种。

(1) 越野式定向赛(Cross Country):为野外定向的主要类型。国际计分及锦标赛均采用"越野式定向赛"为标准的类型,运动员必须依靠赛会供应的地图(地图上将绘有若干控制点及方向线),按照赛会指定次序,逐一到访全部控制点后,向指定的终点报到。以需时最短完成整个赛程者为优胜,凡不按次序到访各控制点的赛员,将被取消比赛资格。

(2) 夺分式定向赛(Score):在赛区内设有很多控制点,每一控制点都有不同的分值,而分值由其距离、难度和与其他点的连接而定出。运动员在限定的时间内,凭技术、经验和体能,夺取分数。而超过限定时间返回终点的运动员则扣除一定的分数。比赛运动员需按次序到访各控制点,成绩以积分最高者为优胜,如有同分者则以时间最短者为优胜。通常,比赛运动员都不可能在限定的时间内取得全部分数。

(3) 接力式定向赛(Relay):通 3 人或 4 人一队,比赛路线分为若干段,每名队员完成其中指定一段后尽快返回(接棒区),以触手方式进行交棒(不用接力棒)。全队队员时间总和为该队总成绩,以时间最短完成全部赛程者为胜。

除以上各类比赛形式外,定向活动还可借助于各种交通工具以到达各控制点,通常野外定向采用徒步,更可借助单车或骑马,水上定向多采用独木舟,而雪地定向则以雪橇代步。定向活动除可在日间举办外,还可在黑夜进行,考验更高的定向技术,增加刺激性。

5) 场地器材:

(1) 场地比赛中并没有明确标识的路线,定向者在行进中必须依靠地图和指南针确定自己该走哪一条路。地图能够给比赛者提供地形的信息,例如小山、地表物、障碍等。越野跑定向赛有时候要求在夜间进行,于是头顶一盏顶灯成为流行的个人装备。

(2) 器材除号码布和地图由比赛组织者供应外,基于安全,指南针和哨子是运动员必备的用具。如参加夺分式定向赛更应戴有手表。服装方面,应以轻便,舒适及易于活动为佳,过紧或太厚的衫裤会使你举步难移。远足经验较浅的,可穿旅行靴,保护脚腕。有经验的运动员可穿上比赛用的运动鞋。基本上,鞋身防水,鞋底有凸齿,在碎沙地不易滑倒。

2. 拳击(职业) Boxing

1) 定义:运动员双手戴皮革的拳套,一人对一人,按一定的姿势和拳法、步法,相互打击对方头部自眉、耳以下的面脸和身体正面部以上至胸部以下各部位,以击倒对方为目标。

2) 起源:据资料记载,考古学家在破译埃及象形文字中,发现了公元前 4 世纪有关拳击"皮绷带"的叙述,考古学家还从巴格达的近郊发掘出许多带有拳斗的壁画和雕刻的石头，从而窥探到当时拳斗的情景。拳斗从埃及经过地中海的克里特岛传播到古希腊。相传在公元前3700年，希腊民间就开展了这项体育运动。公元前688年，第23届古代希腊奥林匹克运动会上，拳击被列为正式比赛项目。由于当时的历史条件，拳击运动还不能摆脱原始野蛮的形式，以至后来奥运会的拳击比赛演变为“流血的格斗”。

公元18世纪，英国首先恢复了拳击竞技。英国著名拳击家詹姆斯·菲格在1719年获得英国拳击赛冠军。以此为先导，职业拳击运动迅速开展起来。

3）规则：被击倒在地的一方，在裁判员呼数至“10”而未能站立时，即为失败；在双方均未被击倒的情况下，则按有效的打击数或防守技术、积极活动的程度来判定得分，决定胜负。比赛在专设的拳击台上进行，按体重分级别。

比赛以回合为比赛的单位时间。用钟声或锣声表示开始到结束为一个回合。每个回合为2分钟（不包括警告、告诫、整理服装、受伤或其他原因造成的比赛中止时间），每个回合之间休息1分钟。

4）场地：

拳击台最大场地不超过6.10平方米（一般4.90～6.10平方米）。场地必须坚固、平整、没有任何障碍物，毡子或橡胶垫必须保证在1.5～2.0厘米的厚度，还必须有一定的弹性。四周要有围绳，在围绳以外还应至少有80厘米宽的安全区域。拳击台的围绳一般为3～5厘米粗的绳子3根，从四面的杆上拉出，离拳击台的高度分别为40、80、130厘米。

3. 登山（Mountaineering）

1）定义：以徒手或使用各种专用装备攀登不同高度和难险度山峰的运动。

2）起源：起源于18世纪80年代。1786年8月8日，法国医生巴卡罗与石匠巴尔玛结伴首次登上海拔4 807米的阿尔卑斯山主峰勃朗峰。次年，法国科学家德·索修尔以巴尔玛为向导，率领一支由19名科学家组成的登山队登上勃朗峰收集科学数据，世界登山运动从此诞生。因诞生地在阿尔卑斯山区，故国际上又称登山运动为“阿尔卑斯运动”。

3）比赛：根据登山的难度、高度及是否使用登山装备，将登山运动分为高山探险登山、竞技登山和普通登山。

（1）高山探险登山是登山者在各种技术装备的辅助下，经受各种恶劣自然条件的考验，以攀登高峰（一般指雪线以上的山峰）峰顶为目的的登山活动。由于高山探险所涉及的一些山区，往往是一般科学工作者平时难以深入的地区，而登山运动员在高山缺氧的环境中，比一般科学工作者能力强，并能进行有关学科的科学考察。

（2）竞技登山运动也称技术登山。它是一种运用熟练的攀登技术和各种技术装备，专门攀登悬崖峭壁或攀登冰壁的登山运动。

（3）普通登山运动由于技术装备和登山技术等各种条件的限制，广泛开展探险登山和竞技登山比赛是不可能的。因此出现了两种普通登山运动:旅游登山和定向登山。

① 旅游登山:是一项旅游和登山相结合的活动。

② 定向登山:是一项普通登山运动。它也是一项比赛性的登山运动。

4) 登山技术、战术要求:

(1) 路线确定:是指宏观地选定一条在一次攀登活动中通往顶峰的攀登路线。

(2) 营地设置:是指为登山队员筹划和设置作为适应性休息和运输物质等所需要的营地。

(3) 险路攻克:是指排除宏观路线上的具体难点。在预先确定的宏观路线上,各个具体路段的困难程度有很大差别,个别路段也许极端困难甚至有很大危险性。为避免通过时发生意外或阻塞,组织者往往会组织一个攻坚组,预先侦察、寻找一条比较安全的通道。

(4) 顶峰突击:是指登山运动员从突击营地出发向顶峰挺进的安排。由于登山活动是以攀登高峰为直接目的的体育运动,所以突击主峰就成了整个登山活动最后的也是最重要的阶段。

(5) 时机选择:是指登山活动季节的确定和具体天气形势的利用。

(6) 适应性锻炼:在攀登高山的过程中,对登山运动员威胁最大的就是严重缺氧的高山自然环境。为了战胜高山缺氧,一般采取使用氧气装备和进行适应性锻炼这两种方法。

(7) 高山供氧:是指在高山缺氧条件下使用氧气装备供氧从而使人的身体素质下降、速度放慢、延长在高山区停留的时间,有利于节省和保存体力,以保证登山者在缺氧条件下不断攀登的措施。

(8) 装备构成:是指登山装备的先进和完备程度。它包括专用装备(技术装备、全人装备及宿营装备)、保障装备(氧气装备)和日用生活装备三大部分。

(9) 物质运输:是指登山运动员从基地营出发至顶峰,再返回基地营所需全部物质的运送。

5) 场地设备:

(1) 全人装备:登山帽、岩石衣裤和岩石鞋、普通登山鞋、御寒服装、风雨衣、高山鞋(靴)、手套、帆布背囊、防护眼镜、手电筒等。

(2) 技术装备:登山绳(主绳、辅助绳)、登山铁锁、登山安全吊带、挂梯、升降器、冰镐冰爪、雪崩飘带、钢锥、铁锤及雪铲等。

(3) 宿营装备:帐篷、睡袋、炊具及燃料等。

4. 攀岩(Cliff Climbing)

1) 定义:是一项不用攀登工具,仅依靠手脚和身体的平衡登攀陡峭岩壁或人造岩墙的运动项目,是从登山运动中衍生出来的运动项目。

2) 起源:攀岩运动20世纪50年代起源于前苏联,当时是作为军队中军事训练项目而设立的。早在1865年,英国登山家埃德瓦特,就首次使用钢锥、铁链和登山绳索等简易装备,成功地攀上险峰,从而成为攀岩技术和攀岩运动的创始人。1890年英国登山家又改进了攀岩工具,发明了打气用的钢锥和钢丝挂梯,以及各种登山绳结,使攀岩技术发展到了更加成熟的阶段。20世纪60年代初,前苏联最早倡导这项运动。当时的评判标准是在同样的条件下,攀登峭壁的速度最快者为优胜。

3) 比赛:20世纪70年代初,前苏联形成了一年一度定期举行的全国联赛。1974年9月,前苏联和前捷克斯洛伐克的登山组织,率先在前苏联和前捷克斯洛伐克发起举办了首届"国际攀岩锦标赛"。后由前苏联提议,经国际登山联合会决定,每2年举行1次国际攀岩锦标赛。中国于1987年在北京怀柔登山基地举办了第1届全国攀岩邀请赛,此后每年1届。

攀岩运动是集健身、娱乐、竞技于一体,既要求运动员具有勇敢顽强、坚忍不拔的拼搏进取精神,又需要具有良好的柔韧性、节奏感及攀岩技巧,这样才能娴熟地在不同高度、不同角度的陡峭岩壁上轻松、准确地完成腾挪、转体、跳跃、引体等惊险动作,给人以优美、流畅、刺激、力量的感受。

4) 规则:

(1) 种类

① 难度攀岩:是以攀岩路线的难度来区分选手成绩优劣的攀岩比赛。难度攀岩的比赛结果是以在规定时间里选手到达的岩壁高度来判定的。在比赛中,队员下方系绳保护,带绳向上攀登,并按照比赛规定,有次序地挂上中间保护挂索,以高度来决定每轮名次。

② 速度攀岩:如同田径比赛里的百米比赛充满韵律感和跃动感,上方系绳保护,按照指定的路线进行速度攀登的比赛,按完成比赛路线所用的时间来决定每轮名次。

③ 室内攀岩:是在一个高而大的房间内设置不同角度、不同难度的人工岩壁,在

上面装有许多大小不一的岩石点，供人用四肢借助岩点的位置，手攀脚登。室内攀岩的难易程度可由人直接控制。岩壁也分为人工岩壁和天然岩壁。人工岩壁是人为设置岩点和路线的模拟墙壁，可在室内和室外进行攀岩技术的训练，难易程度可随意控制，训练时间比较机动，但高度和真实感有限。天然岩壁是大自然在地壳运动时自然形成的悬崖峭壁，给人的真实感和挑战性较强，可自行选择攀岩的岩壁和攀岩路线及攀登地点，而且天然岩壁的路线变化丰富，如凸台、凹窝、裂缝、仰角等，让你体会"山到绝处我为峰"的感受。

(2) 攀岩方法

① 器械攀登(Aid Climbing)：指直接拉或站在人工支点上。人工支点包括梯子、软梯、岩塞、钩子等。器械攀登的好处是可以让人登上很难的路线，与攀登者的体力关系不大。

② 自由式攀登(Free Climbing)：器械完全是起保护作用，目的是尽量减少攀登者在有失误后的伤害后果。自由式的目标是靠攀登者手脚的能力，使用自然支点来完成一条路线。自由式虽然允许器械保护，但自然是掉下来越少越好。

(3) 攀岩技术

① 抓：用手抓住岩石的凸起部分。

② 抠：用手抠住岩石的棱角、缝隙和边缘。

③ 拉：在抓住前上方牢固支点的前提下，小臂贴于岩壁，抠住石缝隙或其他地形，以手臂和小臂使身体向上或向左右移动。

④ 推：利用侧面、下面的岩体或物体，以手臂的力量使身体移动。

⑤ 张：将手伸进缝隙里，用手掌或手指屈曲张开，以此抓住岩石的缝隙作为支点，移动身体。

⑥ 蹬：用前脚掌内侧或脚趾的蹬力把身体支撑起来，减轻上肢的负担。

⑦ 跨：利用自身的柔韧性，避开难点，以寻求有利的支撑点。

⑧ 挂：用脚尖或脚跟挂住岩石，维持身体平衡使身体移动。

⑨ 踏：利用脚前部下踏较大的支点，减轻上肢的负担，移动身体。

5) 场地器材：

(1) 场地

① 难度攀岩：比赛岩壁高度一般为 15 米，线路由定线员根据参赛选手水平设定，通常屋檐类型难度较大。

② 室内攀岩：岩石高度不超过 14 米，每条路线不超过 12 个支点，攀登时，运动员不系绳保护，每次比赛需选择 10 条路线攀登。比赛路线的宽度 3 米，高度 12 米，设计长度 15 米。

(2) 装备

① 绳索：登山用的绳索一般可分为主绳索及辅助绳索。主绳索的粗细大约 9～10

毫米，原则上主绳索是双条使用，辅助绳索则为单条使用，一般而言，长度约为40～45米。

② 钩环：为一边装有弹簧式开口的金属环，使用的范围很广，在纵的方向上具有相当的强度，但由于开口的部分较脆弱，因此绝对不可向横的方向用力使用。

③ 凿钉类：凿钉用于打入岩石的裂缝，以补助攀登工具的坚牢性，一般而言，依岩石的种类而选择不同长度及粗细的凿钉。

④ 螺帽绳：是用于夹进岩石裂缝以作为支点的工具。

⑤ 螺钉：是在没有裂缝的岩石上钉入凿穴的工具，其尖端有楔子连接。

⑥ 铁锤：是用来敲击凿钉或铲平尖锐岩石的工具。

⑦ 登降器：是配合登山绳索所使用的工具，有助于攀登时的速度及行李搬运的省时省力。下降器适用于绳索下降时没有可供凭靠的大斜坡时使用。确保器是对制动安全甚有助益的工具，但必须对其十分熟练。

⑧ 头盔：用以保护头部，避免头部遭到落石碰击，盔形帽应配有皮带，以免盔帽因冲击而脱落。此外，盔帽一旦受过撞击，其强度即明显降低，因此在使用上应加以注意，使用过相当时间后，最好更新。

⑨ 手套：滑落时最好戴上坚韧的手套，因为滑落时的冲力很强，手部会因摩擦力而严重灼伤，且有因此而松手坠落的意外。安全带，有胸式、降落伞式、腰式等，主要的目的是要将冲力分散到身体各个部分，而以坐落的姿态终止，并保护身体的弱点。

⑩ 其他：粉袋与碳酸镁粉、爬岩鞋、岩锤、钻孔器、环耳、膨胀锚梯、绳梯、吊床、滑轮、工具带、头灯、求生纸、岩楔、岩楔起子、峭壁挂钩、对讲机、岩场路线图。

5. 摩托车(Motorcycle)

1) 定义：在封闭的公路、天然障碍的复杂地形的路线上比赛行驶速度和驾驶技术和车辆性能的运动。

2) 起源：19世纪末，当时欧洲一些国家的摩托车制造厂家为检验产品质量并相互比较性能，经常出钱办一些摩托车比赛，久而久之，一个新的体育竞技项目由此诞生。

3) 比赛：1904年，国际摩托车联合会成立，总部设在日内瓦。这个组织每年主办多种类别的世界摩托车锦标赛。

4) 规则：

(1) 车型比赛用的摩托车分两轮和三轮两种车型，每种车型又按发动机汽缸工作容积分若干等级。

① 两轮车型：50、70、100、125、250、350、500及500以上毫升；

② 三轮车型：500、750、1 000及1 000以上毫升。

(2) 项目：越野赛、多日赛、公路赛、耐力赛、场地障碍赛等。

① 越野赛：是在有天然障碍的复杂地形的封闭路线上进行，每圈距离为1.5～5公里，路线宽度不窄于5米，高度差不小于3米。每场比赛距离，两轮车形不超过60公

里，三轮车形不超过40公里。世界摩托车越野国家队锦标赛由各国派队参加，每队由3～4人组成，规定每个车型每年分别只在一个国家举行一次比赛。

② 多日赛：以越野赛路线为主，最后一天以公路赛结束，具有越野和公路赛特点。天数为2～6天不等。比赛时运动员须在规定时间内驶完规定路程，提前或迟到均罚分。根据到达终点的先后顺序和罚分多少评定名次。

③ 公路赛：是在路面完全封闭的公路上进行的多圈赛。每圈长度不小于3公里。路线包括各种不同角度的弯道、上下坡和直线路。路面不窄于6米，交叉路分上下两层道。计分方法同越野赛。世界公路锦标赛每年3月至10月分别在8至12个国家举行。

④ 耐力赛：比赛分三个阶段，每个阶段6小时，在18小时内按实际驶完的距离计算成绩，评定名次。

⑤ 场地障碍赛：在长100米、宽80米的场地内设横木、蛇行路、插旗、封闭圈、“8”字路、连续窄弯、跷板、独木桥、跳板、限制门、土丘、弹坑等人工障碍。比赛时运动员在通过障碍时如犯规则要罚分，并在规定时间内通过全部障碍物。

6. 汽车(Motor Car)

1) 定义：使用汽车在封闭场地内、道路上或野外比赛速度、驾驶技术和车辆性能的一项运动。

2) 起源：19世纪80年代，欧洲大陆出现汽车的雏形，汽车运动随着汽车工业的发展而兴起。1894年在法国举行了第一次汽车比赛，路线是巴黎至里昂。1904年6月在巴黎成立了国际汽车联合会。

3) 比赛：1878年在美国最早举办了汽车赛。1887年法国举办了世界上首次有正式记录的汽车赛。而世界上第一次真正的汽车赛是在1895年6月1～13日在法国举办的巴黎波尔多汽车赛，全程1 178公里。现代汽车赛逐渐分成赛车场和普通公路两种。比赛基本上按车辆的汽缸容积分13个级别，从500毫升以下至5 000毫升以上不等。职业汽车赛分3 000毫升内、2 000毫升内和1 000毫升内的1～3级。

4) 规则：汽车比赛始终是围绕普通交通车和特制赛车两大类车种发展。国际上比较统一的竞赛项目有方程式汽车赛、卡丁车赛、耐久赛、直线竞速赛、创纪录赛等。

(1) 汽车拉力赛：驾驶普通小汽车在公路及野外道路进行的多日分段汽车赛。各路段上均规定时速及到达时间，违者扣分。累积最少时间跑完全程及被扣分最少者胜。

(2) 小汽车赛：驾驶小汽车在规定路线或时间内竞速的运动竞赛项目。流行欧美。分定期举办的大型、中型、广告用车赛和每周到赛车场赛车数种。

7. 无线电运动(Radio Sports)

1) 定义：运动员在最短时间内完成无线电理论和制作、无线电快速发报、无线电测向、无线电通讯、无线电电台通讯联络。

2）起源：20世纪20年代，世界各国无线电爱好者广泛开展了无线电通讯训练，并于1925年在法国巴黎成立了国际无线电爱好者联盟。该项运动的开展对培养人们对无线电技术的兴趣、开发技术、推动理论研究有着重要的意义。

3）比赛：现代无线电运动各个国家设项不同，中国设有：无线电测向、无线电快速发报、业余电台通讯、无线电通讯多项、无线电工程制作等5项比赛。

4）规则：

（1）无线电工程设计制作是以训练无线电理论和制作为目的，参赛者按统一的规定装制和调试无线电设备，以速度快、性能好者为优胜。

（2）无线电快速收发报是以练习抄收和拍发莫尔斯电码电报为内容。

（3）无线电测向是以无线电测向机为工具，寻找隐蔽发射台的运动。以在规定时间内找到的电台数量多者为优胜。

（4）无线电通讯是运动员携带小型电台在野外完成一系列通讯任务的运动。包括开设电台、定向行军、行进中无线电专向通话、抄收无线电讯号和通播电台、专向通报、拆收电台等7个项目。比赛以完成任务时间短、错误少者为优胜。

（5）业余无线电台是无线电爱好者利用业余电台进行训练、研究和比赛的活动。比赛以设在规定时间内联络到的电台多、区域广、距离远者为胜。设立无线电台须经过国家有关部门的批准。

8. 轮滑（Roller Skating）

1）定义：轮滑运动俗称“滑旱冰”，是脚蹬四轮特制鞋在坚实平坦的地面上滑行的运动。

2）起源：轮滑运动最早的起源可以追溯到8世纪，据说是一个不知名的荷兰人最先发明了滚轴溜冰。到了1760年，一个叫默林的比利时人将很小的木轮子安在鞋上滑行。到了1800年，为了在夏天能够继续进行溜冰练习，德国人将木轮子安装在冰鞋上。最早的滚轴溜冰鞋1818年诞生于德国柏林，很快法国巴黎的大街上也出现了滚轴溜冰，在英国，这种运动被称为溜冰。这时期的轮滑还只能直行，不能转弯，也没有制动的装置。18世纪60年代，出现了两轮（前后）溜冰的记载，但这种鞋很难控制滑行。1863年，美国人詹姆士·普利普顿发明了一种带有转动装置的鞋，从而带来了轮滑运动的一场革命。这种鞋能够转动，而且能控制，为此，也带来了最早的轮滑运动热潮。随后迅速传入欧洲和世界各地，在欧美国家开展较普遍，已发展为竞赛项目。

3）比赛：1924年德国、法国、英国和瑞士四国的11名代表在瑞士，成立了世界上最早的“国际滚轮溜冰联合会”。随着这项运动的发展，1940年4月28日，在罗马举行的第43届国际奥林匹克委员会会议上，正式承认了轮滑运动项目的国际联合会，从此轮滑运动在世界各国得到了广泛的开展，尤其是在欧美各国更为普及。1936年首次在瑞士举行1次世界速滑轮滑锦标赛（包括场地赛和公路赛）、1次世界花样轮滑锦标赛、1次世界轮滑球锦标赛。

4）规则：

（1）速度轮滑：以单排、双排轮滑鞋为比赛工具的竞赛项目。有公路赛和场地赛两种。动作特点是滑跑姿势为蹲姿、团身，使身体呈流线型，减少阻力。

（2）花样轮滑：分为单人、双人轮滑舞和圆形轮滑舞（规定动作）。根据难易程度、舞姿的优美程度打分确定胜方。动作特点，具有高度的艺术表现力和创造力。有音乐伴奏，以平衡为基础，旋转是动作的精髓。对运动员的心理要求较高。

（3）轮滑球：近似于冰球和曲棍球的结合体，双方各出 5 人在 44 米×22 米的场地上进行比赛，规则类似冰球，但不允许身体冲撞或阻挡，一场比赛为 2～3 节，每节 15～20 分钟，进球多者为胜方。动作特点、技术动作复杂，要求反应敏捷、比赛激烈、具有可观赏性，比赛中要求有集体配合、协作，队员间有直接或间接的身体接触，因此对抗激烈。

（4）滑板：是冲浪运动在陆地上的延伸。冲浪运动受到地理和气候条件的限制，滑板则有着更大的自由度。可以利用 U 形台做各种各样的惊险、复杂的技巧动作。动作特点，仍然保留着冲浪运动的某些特性。它是在活动中寻找乐趣的运动。在音乐的伴奏下，可以驾驶着滑板在不同的场地上完成各种不同的动作或克服各种障碍，体验无穷的乐趣。表演者在表演时要完成各种高雅、优美、惊险的动作，给观众以美的享受。另外它还具有实用性，练习者在掌握了一般运动技巧后，可以作为经济实惠、环保的交通工具。滑板运动强烈、刺激，在特定的场地器材上高速滑行，通过或越过各种障碍、腾空、翻转等一系列惊险动作，使参与者和观赏者同时获得“刺激的体验”。

5）场地器材：

（1）速度轮滑运动员须戴保护头盔、护膝、护腕、护肘。轮滑鞋轮轴不得超出轮子以外，不得使用制动器。鼓励使用单排轮轮滑器材。公路比赛路线有起点和终点不衔接的直线开放式及起点和终点相衔接的封闭环形式两种。每条比赛路线在弯道处有明显的界限或有可移动的标志。场地比赛的跑道设在露天或有覆盖设施的路线，标准长度为 200 米，宽度为 6 米以上。

（2）花样轮滑比赛场地面积最小为 50 米×25 米。地面要平滑，图形的线痕规整、标准。场内装有能够调速的音响设备和稳压装置。

（3）轮滑球比赛场地应为 40 米×20 米，长宽之比是 2 比 1，允许有 10%的误差，或大或小。球场四周有 1 米高的围栏。在球场两端的围栏上装有距地面高 4 米的栏网。球门线到端线围栏的最小距离是 2.70 米，最大距离为 3.3 米。球杆是用木或塑料制造，球杆不长于 115 厘米，重量不可以超过 500 克。守门员的球杆和一般球员是有区别的，握法也不相同。球重 155 克，呈圆形，周长 23 厘米，颜色为一色。所有运动员都穿戴保护用具以防受伤。球门高 105 厘米，宽 170 厘米，顶部深度 35 厘米，底部深度 92 厘米。球门内悬挂白色球网。

（4）滑板是由 7 层糖枫木碾压而成，最近几年也有用铝合金板制成的。板头比板尾长，并能取下来。板面上有弯曲凹凸的部分。

9. 卡丁车(Carting)

1) 定义：有车厢或无车厢的微型汽车，车轮独立持久地接触地面，后两轮驱动前两轮导向。

2) 起源：卡丁车是一些父母设计出来供子女在后花园或大型停车场玩耍的玩具，最初是用剪草机改装而成，设备及发动机均非常简单。渐渐的，卡丁车在性能及场地安全方面不断地改良及转型，再加上可供标准比赛用的场地纷纷落成，基于其入门技术及费用要求不是很高，所以迅速发展为一项老少皆宜的运动项目，世界各地大大小小国际性赛事更应运而生。

3) 比赛：安全性方面，由于卡丁车的重心非常低，易于操控，所以，卡丁车可算是赛车运动中最安全的一种车型。国际汽车联合会(FIA)是在1940年成立的。世界卡丁车联合会是在1962年成立。中国汽车运动联合会"FASC"于1995年加入国际汽车联合会世界卡丁车联合会，完成了我国卡丁车运动与国际的接轨工作。

(1)全欧洲卡丁车锦标赛；

(2) 日本世界杯锦标赛。

4) 规则：根据国际卡丁车运动比赛规则，按其使用的发动机划分为2个组别5个等级，11种类型。

第1组：

第1等级：方程式卡丁车(包括4种类型)：

(1) 超A级：无变速箱、二冲程发动机100cc、汽车器喉管直径32毫米、重量140千克(注：重量指赛车重+着装后车手重量)。

(2) A级方程式：无变速箱、二冲程发动机100cc、汽车器喉管直径32毫米、重量140千克。

(3) C级方程式：3～6档变速、二冲程发动机125毫升、短赛道车重165千克、长赛道重量170千克。

(4) E级方程式：三档变速、二冲程发动机250cc、重量180千克。

第2组：

第2等级：国际A级卡丁车(包括7种类型)：

(1) 国际A级：无变速箱，二冲程发动机100cc，汽化器喉管直径24毫米，活塞行程最小48.5毫米、最大54.5毫米，重量140千克。

(2) 国际A级(少年级)：无变速箱，二冲程发动机100cc，活塞行程最小46毫米，最大 54.4 毫米，重量 125～130 千克。

第 3 等级：国际 B 级：

国际 B 级：无变速箱、二冲程发动机 135cc、重量 145 千克。

第 4 等级：国际 C 级（包括三种类型）：

（1）国际 C 级：3～6 档变速、二冲程发动机 125cc、短道重量 165 千克、长赛道重量 170 千克。

（2）国际 C 级"苏丹"：无变速箱、二冲程 125cc、重量 140 千克。

（3）国际 C 级（少年级）：无变速箱、二冲程 125cc、重量 135 千克。

第 5 等级：国际 E 级：

国际 E 级卡丁车：三档变速、二冲程 250cc、重量 160 千克。

5）场地设备：

（1）距离：

国际卡丁车比赛的永久性路线长度至少 700 米，供举办国际汽联卡丁车联合会锦标赛、大奖赛、杯赛的路线长度至少 1 000 米。

无变速箱卡丁车：最多 1 500 米；

有变速箱卡丁车：最多 2 500 米。

宽度：至少 8 米。

（2）坡度：

① 纵向：最多偏差 5%；

② 横向：最多偏差 10%。

（3）直道长度：

① 无变速箱：最长 170 米；

② 有变速箱：无限制。

（4）设备：

① 车架

(a)车架：最长 182 厘米、最宽 140 厘米、E 级方程式最长 210 厘米；

(b)保险杠：前后左右保险杠，保护赛车和车手安全；

(c)前导流板；

(d)转向系统：方向盘、转向杆、横向拉杆、转向轴、转向节；

(e)制动系统：刹车挡板、拉线、刹车盘和刹车蹄片；

(f)传动系统：链轮、链条、后轴、后轮毂；

(g)供油系统：油门挡板、拉线、油箱。

② 发动机：二冲程或四冲程发动机

(a)汽缸体系统、缸盖、缸筒、活塞、活塞环；

(b)点火系统;

(c)冷却系统:水冷和风冷;

(d)排气系统:排气管。

③ 轮胎:干地轮胎、湿地轮胎。

4.2.3 空中项目

1. 滑翔机(Glider)

1) 定义:运动员驾驶无动力装置借助外力起飞的滑翔机在空中作长时间的滑翔或越野。

2) 起源:最早是由英国人凯利于1804年制造并试飞成功。50年后凯利又制造出第一架载人滑翔机。现代滑翔运动的奠基人是德国的利林塔尔,他于1890—1896年进行了近2 000次滑翔飞行,为滑翔运动打下了基础。

3) 比赛:1932年开始举办世界性比赛。1936年第11届奥运会上曾设该项比赛。1950年国际航空联合会成立了滑翔委员会,并负责举办世界滑翔锦标赛。

4) 规则:滑翔机一般是靠飞机、汽车或弹性绳索等牵引升空,然后靠上升气流在空中飞翔。现代滑翔运动分男女单座、双座。比赛有多种项目,设有流空时间、飞行时间、飞行速度和飞行距离单位等项目。

2. 热气球(Hot Balloon)

1) 定义:驾驶气球升空飞行。

2) 起源:1783年起源于法国。

3) 比赛:有升高高度、定点着陆、远距离飞行和续航时间等项目。

4) 规则:

(1) 体积:七级球2 000~2 400立方米;八级球2 400~3 000立方米;九级球3 000~4 000立方米;十级球4 000~6 000立方米。

(2) 气球类型由国际航空联合会根据填充气体分类:

① AA型:填充空气轻的气体,氢气、氦气,设有加热装置,气囊不密闭。

② AX型:气囊中填充空气,通过装置对空气加热,使之变轻获得升力。

③ AM型:既填充“氢气”,又具有加热装置的气球,称为罗泽(Ropier)气球。

④ AS型:填充“氢气”,气囊密闭,由于高度可通过充气量控制,用于科学研究。

5) 器材:密封热气球,由强化尼龙制成(也有用涤纶制的),质量轻,但结实,球囊不透气。

3. 跳伞(Parachuting)

1) 定义:人们借助于空气对降落伞的阻力,突然从高空跳下而能平安落地的运动。

2) 起源:早在15世纪达·芬奇就提出了降落伞的设想。直到18世纪末人们多次用这一原理进行了实验和跳伞实践。1797年法国加纳林在巴黎使用一直径7米的白帆布从900米高空中的气球上跳下,平安着陆成功,世界上公认这一年为降落伞发明之年。1911年俄国人发明能折叠、固定在人身上的背包式降落伞。1912年美国人圣路易首次在飞机上使用自动开伞设备跳伞成功,为现代跳伞运动奠定了基础。

3) 比赛:现代跳伞运动有飞机、氢气球跳伞、高山山崖和高点(高建筑物等)跳伞。

4) 规则:跳伞项目设有定点跳伞、特技跳伞、造型跳伞、踩伞跳伞、高空跳伞、水上跳伞和表演跳伞等。

4. 翼伞滑翔(Winged Gliding)

1) 定义:驾或乘三角翼伞滑翔机在空中利用气流滑行的运动。

2) 起源:20世纪40年代始于美国,流行于欧美各国。每2年有1次国际性比赛。

3) 比赛:分普及和高级两种。

(1) 普及赛:绕标飞行和流空时间。

(2) 高级赛:定点往返和长距离飞行。

4) 规则:升空后靠移动身体重心操纵转弯、盘旋、升降、速度。一般滑翔伞在空中滑翔的速度约在35～40公里/每小时之间,除非你用刹车减速,否则不受空气速度的影响。

5. 蹦级(Bungee)

1) 定义:跳跃者站在约40米以上(相当于10层楼高)高度的桥梁、塔顶、高楼、吊车甚至热气球上,把一端固定的一根长长的橡皮条绑在踝关节处然后两臂伸开,双腿并拢,头朝下跳下去。

2) 起源:发源于新西兰,使用的绳索是橡皮绳(具有无限的伸缩性),有可变的制动系统,能控制最大伸缩距离。它的特点是比较低的速度,比较高的反弹,感觉平稳,特别适合绑踝跳。

3) 规则:绑在跳跃者踝部的橡皮条很长,足以使跳跃者在空中享受几秒钟的“自由落体”。当人体落到离地面一定距离时,橡皮绳被拉开、绷紧,阻止人体继续下落,当到达最低点时,橡皮绳再次弹起,人被拉起,随后又落下,这样反复多次直到橡皮绳的弹性消失为止,这就是蹦极的全过程。

比赛要求：向前翻一周，然后燕子般凌空打开，在第一次反弹后翻一周。向后翻一周(屈腿)接360度转体，然后凌空打开，在第一次反弹后翻一周。

(1) 按跳法分类

① 绑腰后跃式：此跳法为绑腰站于跳台上采用后跃的方式跳下。此跳法为初学者第一个规定基本动作，弹跳时仿佛掉入无底洞，仿若整个心脏皆跳出，约3秒钟时突然往上反弹，反弹持续4～5次，定神一看，自己已安全悬挂于半空中，整个过程约5秒钟，真是紧张又刺激。

② 绑腰前扑式：此跳法为绑腰站于跳台上面采用前扑的方式跃下。此跳法为初学者之第一个基本动作做的另一种尝试跳法。此种跳法近似于绑腰后跃式，但弹跳者为面朝下，真正感受到视觉上的恐怖与无助，当弹跳绳停止反弹时能真正享受重生的欣喜。

③ 绑脚高空跳水式：此跳法为弹跳者表现英姿最酷的跳法。将装备绑于脚踝上，弹跳者站于跳台上面朝下，如奥运选手跳水时的神气风情，弹跳者于倒数5、4、3、2、1后即展开双臂，向下俯冲，仿若雄鹰展翅，气概非凡。

④ 绑脚后空翻式：此种跳法是弹跳跳法中难度最高但也最神气的跳法。此种跳法为将装备绑于脚踝上，弹跳者站于跳台上背朝后，弹跳者于倒数5、4、3、2、1后即展开双臂，向后空翻，此种跳法需要强壮的腰力及十足的勇气，若您认为您的胆识超人，不妨在体验过绑腰、绑脚弹跳后，向自己的勇气挑战。

⑤ 绑背弹跳：此种跳法被弹跳教练喻为最接近死亡的感受，弹跳者将装备绑于背上，于倒数5、4、3、2、1后双手抱胸双脚往下悬空一踩，仿佛由高空坠落，顿时感觉大地悬转，地面事物由小变大，整个过程仿若向死神打交道，真是刺激、过瘾到极点。待您亲自体验。

⑥ 双人跳：此种跳法为您和您的恋人宣誓爱的证言的最佳方式，双人于空中反弹时，弹跳绳将两人紧紧扣在一起，此时是您许下诺言的最佳时刻，当然，这种跳要求其中一方必须要有弹跳经验才能进行此项甜蜜又惊险的双人跳。

(2) 按地点分类大致可分为三种：

① 桥梁蹦极：在桥梁上伸出一个跳台，或在悬崖绝壁上伸出一个跳台；

② 塔式蹦极：主要是在广场上建造一个斜塔，然后在塔上伸出一个跳台；

③ 火箭蹦极：顾名思义，将人像火箭一样向上弹起，然后上下弹跃。

(3) 按操作方法也有三类可分：

① 绑腰：踏出弹跳的第一步。

② 绑背：尝试电梯断线后的坠落。

③ 绑脚：可体验奥运跳水选手俯冲的快感。

(4) 按蹦极技巧和人数还有：

自由式：可碰水、前滚翻、后滚翻、单人跳、双人跳等等，每种玩法都会让您有不同的感受。

第5章

民族体育

中国民族体育是人类历史文化中极为珍贵的一部分，她是我国民族文化中积极活跃，富有表现力、感召力的社会实践活动。中国民族体育因其深厚的文化内涵、系统的表现形式而在繁花似锦的世界各民族体育中独树一帜，散发着无穷魅力，堪称世界东方文明的典型代表。自古以来，中国民族体育经萌芽、演变，发展为今天既有健身娱乐的项目，又有现代体育的竞技形式。尤为重要的是它代表的中华文化由现代人挖掘、汲取、传承，衔接着体育科学系统、民族学系统、民俗学系统、文化人类学系统，沟通着各民族人民的思想感情，使中国古老的民族文化在各个领域发扬光大，在不同肤色、不同语言、不同观念、不同性格、不同社会角色的人们之间流动、交融。

5.1 民族体育概述

人类和人类社会产生后出现民族文化，中国的民族体育是人类文化的一大分支，要了解中国民族体育，一定要了解民族和民族体育两者的含义。通过回顾历史、认识现实、展望未来，更好地把握其一般特征，以弄清其本质。

5.1.1 民族的概念和民族体育的概念

1. 民族的概念

马克思主义哲学家经过多年系统全面的研究，给民族下了一个经典的定义："民族是人们在历史上形成的一个有共同语言、共同地域、共同经济生活以及表现在共同文化上的共同心理素质的稳定的共同体。"——《斯大林选集》上卷，第 64 页，人民出版社 1979 年版。

2. 民族体育的概念

民族体育是社会体育的组成部分。各民族在长期的社会实践中所创造积累和发展起来的带有显著民俗特点，以健身、防身、娱乐为主要目的的身体锻炼活动。民族体育往往以其悠久的历史、动人的传说、华丽的色彩和独特的情绪反映了各民族的生活习俗、文化特点、道德风尚和宗教信仰，是各民族政治、文化、生活的一种特殊表现形式，并且具有传统性、风俗性、表演性等特点。

5.1.2 民族体育的起源

中国民族文化与世界其他民族的文化相比较更具有强大的生命力和延续性。古巴比伦文化、古埃及文化、古印度文化、古希腊及古罗马文化，虽然它们在人类社会文明中也作过巨大贡献，但在它们发展至今的过程中有的消亡了，有的中断和衰败了，惟独中国的民族文化传承不息，没有被外来文化所异化、湮灭，至今仍保持着勃勃生机，民族体育中的武术、气功、太极拳等遍及世界各地，成为了中华文明的标志。它的悠久与辉煌，足以使每个中国人感到骄傲与自豪。

中国的民族体育历史源远流长，民族体育紧密联系着人类的生产社会实践。有了这样的实践，人体的素质和各种技能、技巧不断提高。通过一些有目的的运动方式、方法来发展身体，培养身体技能、技巧，这就形成具有体育性质的活动所产生的萌芽。

早在原始社会，当人类对自然界缺乏认识，认为有“超自然力”的作用存在时，出现了各种祭拜神灵的形式，如宗教和巫师活动等，这类活动成为民族体育的最早期起源的萌芽之一。例如，独龙族在狩猎前剽牛祭天的祭祀活动与其常开展的射弩、摔跤、赛跑活动有关。

自远古时代以来，人类为了生存，开始了狩猎、捕鱼到放牧、耕种的生产实践，在实践中诸如攀登、爬越、投掷、射箭、游泳、操舟等独特技艺的总结为民族体育的起源奠定了基础。例如，赫哲族多以捕鱼为生，今天他们开展的叉草球项目就与其在陆地上练习叉鱼技术有关。原始的人与人之间，民族部落之间为解决矛盾而进行的战斗，后来就逐渐演变为民族体育中富有竞争性、对抗性的项目。

在生活中为了适应环境、战胜疾病而创造的驱寒祛湿、拔背伸筋的运动也是民族体育的一个源头，至春秋时期的导引养生术产生了一套理论和方法，以其独特功效世代相传。在春秋战国时期，除了传承前代运动，还有剑道盛行，民间娱乐体育，如蹴鞠、投壶、围棋、六博、竞渡、秋千等也普遍发展，体育观、养生观、养生术出现了百花齐放的局面。

5.1.3 民族体育的特性

民族体育是我国各个民族世代相传的独具民族特点的体育，是我国传统文化的重要组成部分。实现中国体育事业的腾飞，弘扬民族体育文化，振奋民族精神，提高民族自尊心和自信心是基础和前提。

1. 民族体育的民族性

民族体育的民族性就是某一民族的体育在世界文化中所具有的本民族的特性。中国民族体育，隶属于中华民族传统文化，是东方“文化之邦”伦理型文化特点的具体体现。

中国古典美学范畴中的“风骨”、“气势”、“灵性”、“神韵”、“俊逸”、“沉郁”、“婉约”、“豪放”、“意境”；中国古典伦理学中的“仁、义、礼、智、信、温、良、恭、俭、让”；中国古典哲学中的“气、理、心、性、言、意、道”等等，无不渗透到中国民族体育之中，并强烈地反映着民族个性、民族特点、民族思想情绪、民族思维方式以及伦理道德。

例如武术，无论是汉族的南拳，还是回族的查拳、瑶族的瑶拳，在其丰富的套路与独特的民族风格中都可以体现共同的武德、共同的抵侮卫国的气概，是众多民族智慧和思想感情熔铸的结晶。

中华民族崇尚龙，人们希望龙佑天灵、风调雨顺、吉祥平安，在许多民族中均有舞龙的传统，纵然南北风格有差异，但反映的民族文化的内涵却是不谋而合的。

2. 民族体育的延续性

在中国民族体育漫长的历史演进中，历经沧桑、饱受磨难，但始终传承不绝。每一次历史的变迁，都面临着一次新的挑战。也可以说，民族体育是在历史的演进中不断发展起来的，并表现出强大的再生能力。

例如，维吾尔族的“达瓦孜”是为了纪念英雄踩绳上天为民除妖；苗族农历五月廿四赛龙舟是为了纪念祖先除恶龙，爬坡杆是为了纪念民族英雄孟子佑。

3. 民族体育的观赏性

民族体育是寓竞争性和技巧表演性、游戏娱乐性、艺术观赏性、趣味性为一体的综合运动形式。在这些项目中，大多以技巧表演、游戏娱乐和艺术观赏为主体，竞争性项目仅占少数。

例如武术，它无论是在表演上，还是在观赏性上所显示出来的造型美、体态美、节奏美、和谐美、意境美以及服饰美，都令人叹为观止，它是中华民族气质、力量、情操的象征。

4. 民族体育的适应性

民族体育的适应性是传统体育科学性的体现。它由我国各个民族共同创造，类别繁多，具有表演和竞赛等多种性质，故而就有了结构多元的特点。民族体育既接近现代竞技体育的一般要求，又具备适应未来社会体育发展的需要。由于民族体育各个项目的不同，其动作结构、技术要求、运动风格和运动量也各具差异，每个人可以根据需要从中选择适合于自己的项目进行健身、养身活动。其中有的项目不受时间、季节的限制；有的项目在场地器材上可因地制宜、就地取材；还有的项目可以徒手做，这就给开展群众性体育活动提供了便利的条件。因而，民族体育有着广泛的适应性，这种适应性是民族体育蕴含着强大潜能的根源所在，也是民族体育得以继承和持续发展的基础。

5. 民族体育的多样性

民族体育的多源发生、多向发生、多元并存和多样统一，是民族体育文化发展并保持常态的规律。中国民族众多，人群分布范围极广，环境、习俗、宗教信仰各不相同，政治、经济、文化教育的发展不平衡，因而便造成了各民族的体育在内容、形式上的多样性。

例如武术，自元明时期以来，十八般武艺绚丽多姿、各领风骚。秋千是民族体育最具有代表性的一项运动项目。无论是羌族、土家族、壮族、维吾尔族、哈尼族还是拉祜族，都流行这一项目，但却是有不同的运动形式。土家族的秋千如大纺车；羌族、壮族的秋千可以坐 4 个人；哈尼族的秋千状似天平称为磨秋；维吾尔族的秋千高达 20 米，称为“沙哈尔地”；拉祜族的秋千不仅可以转动升降还可以前后摆动。

又如摔跤，由于民族地域的不同而分为蒙古式摔跤、加哲——藏族摔跤、切里西——维吾尔族摔跤等，其形式多样，风格独特。

6. 民族体育的科学性

民族体育的理论是建立在“性命双修，心身并育”的生命整体优化理论基础上的。它把人与环境视为不断进行着物质、能量和信息交换的统一体，并把人体功能的强化和优化看作是一个精神同物质紧密联系的统一的整体活动。例如强调大脑神经系统对全身的支配、统帅功能。健身必须先健脑，健脑就是对大脑细胞的程序性活动不断地进行自我整合。

例如武术，就具有内外合一、神形兼备、节奏鲜明的特点。要求手眼配合、手脚相随、上下协调、意领心随、以气催力，意识、呼吸、动作必须内外合一。动则快速、有韵律，静则稳如磐石。

5.1.4 民族体育分类及内容

1. 按民族体育的项目分类

1）按项目名称分类：依照这种分类方法，有些项目开展的民族多，有些项目仅个别甚至是一个民族独自开展的。其中会出现项目名称因地域民族的差别而导致命名不同，而其实质相同的情况。运用这种分类方法可以了解到开展项目的民族共有的生活方式及分布特点，既可以将实质相同的项目归属一类，又可以避免重复归类，便于研究。例如摔跤和秋千。

2）按项目特点分类：民族体育的项目与竞技体育不同，因其具有多样性特点，很难找到一个标准将其简单分为球类运动、田径运动等，故可以将其分为有辅助器械类项目与无辅助器械类项目(即徒手类项目)。例如水上运动、空中运动、冰上运动、陆上运动。

2. 按民族体育的功能分类

1）健身修心的功能：在民族体育项目中有不少项目具有极高的健康身心、祛病延年的价值，它以提高人的整体机能的和谐统一，并在此基础上发挥超长机能为追求目标，放松、意念、呼吸等训练方法对疾病和亚健康状态的调节治疗有着重大的意义。

2）竞技比赛的功能：在民族体育的项目中，有许多项目具有竞争性，为了使这些项目能在竞赛时有一个公平的衡量标准，竞赛的组织者往往对比赛的方式、裁判标准、运动员、器材、场地等都做了明确而科学的规定，制定了一套比赛规则，并在实践中不断完善。

3）喜庆节日娱乐表演的功能：有些民族体育项目与民间流行的喜庆节日相关联。在此时举行的民族体育的内容有的在于娱人，有的兼有娱神的内容。因其操作难度大，又不是人与人之间的比赛，并不带有竞赛性质，完全是为自娱自乐或表演性质。例如维吾尔族的高空走绳——达瓦孜；苗族的舞狮——百狮会；蒙古族的套马、叼羊、姑娘追等，还有蒙古族的那达慕大会、马奶节；藏族的赛马节、沐浴节；苗族的爬山节等。

3. 按民族体育的参与情况分类

1）按参与人数分类：这是一种直观的分类方法，按参与民族的人数可分为一人参与的项目、两人参与的项目、多人参与的项目。例如射箭、赛马为一人参与的项目，摔跤、围棋为两人参与的项目，秋千、百狮会则是多人参与的项目。

2）按参与形式分类：按参与的形式可将民族体育项目分为独立型、协同型、对抗型三类，其中协同型、对抗型又可以分为两人对抗以及多人对抗的项目。独立型及协同型项目适于娱乐表演，对抗型项目适于参与竞赛。

4. 按地域分类

根据我国地区划分东北内蒙古地区、西北地区、西南地区、中南地区、东南地区。这种分类方法与该地区的经济文化有着密切的关系，在中国民族研究中有着重要的意义。我国地域广阔，各地自然地理环境、社会习俗差异显著，由于漫长历史过程中的不断演变发展，使经济文化类型繁多、复杂，各类型错综交织，多样性、特异性显著。

5.2　民族体育项目欣赏及介绍

5.2.1　竞技类

1. 龙舟

1）起源：源于中国民间纪念战国时代诗人屈原。比赛时间大都定在每年“端午节”。

2）比赛：设男女 400、600、800、1 000 米直道竞速。参赛队员 25 人，舵手、锣手、鼓手各 1 人。龙舟竞渡主要是“夺标”。即在终点处设一标杆，上挂锦彩、银碗之类的奖品，获胜者直接得标上的奖励，也叫做锦标。所有的龙舟竞赛都是在终点处设立标杆，上挂锦彩。锦标赛对胜利者的犒赏，也是龙舟竞渡中产生的专有名词，到现在已成为体育竞渡中常用的名词。

龙舟竞渡中的终点是标杆，而起点发令则是鼓掌或挥桡。

由于每次参加竞渡的龙舟数过多，而河面宽度有限，所以大多数是采用淘汰法。即

在众多的参赛船只中分三场比赛，每场淘汰的方法，与现在的双淘汰法相似，是一种较好的竞赛办法。

3）场地：在较宽的河面或湖面上进行。航道水深要求最浅 2.5 米，6 至 8 道。

4）器材：龙舟，舵桨，划桨，龙舟附件（锣、鼓）。船长一般为 20～30 米，每艘龙船上约坐 30 名水手。

5）少数民族：历史悠久，多在喜庆节日举行，苗、傣、汉等多民族都有此体育项目。苗族赛龙舟，于每年农历五月二十四至二十七日的“龙舟节”举行，祈求风调雨顺、五谷丰登。节日期间，数十只首尾装成龙形的龙舟，并架在水面上。船长 20 米，宽 1 米，由直而长的松木挖成槽舱，每艘船上有 38 名水手，另有一名德高望重的长者任鼓师，一名男扮女装的小孩任锣手。比赛时，炮声响后，各船水手即按锣鼓节奏，划桨前进。

2. 舞狮

1）定义：由两人合作扮大狮子，一人扮小狮，另一人扮武士，持彩球逗引。

2）比赛：

① 独狮舞与群狮齐舞；

② 狮眠、醒狮、戏狮；

③ 叠罗汉、滚绣球、作搔痒、舔毛、打滚、抖毛；

④ 跳跃、跌扑、腾转、登高、踩球。

3. 舞龙

1）定义：用竹、木、纸等扎成龙的形象，节数不等，均为单数，每节内能燃烛的称“龙灯”。舞龙时由一人持彩球戏舞引龙。

2）比赛：国家体育总局制定了比赛规则，要求套路编排要内容丰富，构思巧妙，风格别致，舞龙技巧难度、创新动作符合盘、游、滚、腾、缠、戏等传统舞龙的民族形式；动作与音乐伴奏和谐一致。整个套路既要有观赏价值，又要有锻炼身体增强体质的作用。

单龙：龙眠、舞龙戏水、舞龙腾云、舞龙弯曲通过、舞龙中间穿过。

双龙：双龙戏水、双龙翻身、双龙献瑞、双龙呈祥。

3）动作组成：在行进状态中完成“龙”的游弋、起伏、翻腾、穿越等动作，利用人体多种姿态将力度、幅度、速度、耐力等糅于舞龙技巧之中，或动或静，组成优美形象的龙的雕塑，展现龙的精气神韵，展现龙所象征的中华民族奔腾争跃的精神风貌。

4）场地：20 米×20 米正方形平整场地。

5）器材：龙珠为球型，球体直径 0.3 米，杆高 1.7～1.8 米（含珠）。龙头重量 4 千克，龙身为封闭式圆筒形，直径 0.3 米，全长不超过 18 米，分 9 节，龙杆高 1.6 米（含龙身）。

4. 秋千

1）起源：历史悠久，起源的说法不一。春秋时已出现。《古今艺术图》载：“秋千，北方山戎之戏，……齐桓公伐山戎还，始传中国”。唐代《汉武帝后庭秋赋》中则说：“秋千者，千秋也，汉武帝祈千秋之寿，故后宫多秋千之乐”。故又称之为“千秋”。也有人认为秋千为古代人类揪苇条以跳跃迁移而创造的，故名秋千。该项运动不需要复杂的器材，技术简单易学，男女老少皆宜。因而自汉唐以来在宫廷和民间流行，至今在吉林延边朝鲜族和云南阿昌族中，秋千是他们迎春节日中的一个重要项目。

2）比赛：在我国的历届少数民族运动会都把秋千列为比赛或表演项目。比赛分单人、双人两种，规则多种多样。

（1）风车秋千

① 定义：打秋千是阿昌族传统的体育活动项目，多在喜庆节日举行。因秋千架如风车旋转，故称“风车秋千”。

② 起源：阿昌族荡秋千的来历是，传说有个国王娶三个龙女为妻，渴望自由的龙女不愿受宫廷的禁锢，便在初一早晨诈称宴饮积食，请求国王在河边立个秋千，消食解闷。龙女登上秋千悠荡，越荡越高，忽而抹草擦地，忽而刺空穿云，国王见了很高兴。忽然，龙女两腿一蹬，双手脱开秋千绳，腾空而起，扑进河里，直向龙宫返去，岸边只留下空荡着的秋千……人们非常怀念龙女，每逢大年初一到十五，阿昌族青年男女身着节日服装，悠荡秋千，尽情娱乐，表示对龙女的敬慕。

③ 比赛：4 人各坐一块木板，使滚轴转动，上下升降，各人脚触地时即用力蹬地。

④ 场地：场地中立两根高约 3 米的木柱，柱顶架一根横梁，横梁中央套一个宽约 1 米的木制十字型滚轴，如车轮状。滚轴上面有各长约 2 米的四对平行足，足端系短绳，绳端挂一木板，形如秋千。

（2）打秋千

① 定义：是黎族、纳西族群众最喜爱、开展得较广泛的体育活动项目之一，参加者

主要是青少年。黎族男女青少年放牧或到山栏上面看管山栏稻时都可以打秋千玩乐。

② 比赛：打秋千，有单人和双人荡，男女可以搭配。青年们相互比赛看谁荡得高，时间长。秋千此起彼伏，喧闹嬉戏，充满着黎族人民勇敢、豪放、乐观向上的精神。

③ 场地：黎族秋千的制作方法是在芒果树结实粗大的枝干，捆扎秋千架，也可以到山上寻找结实的山丝树、坡垒树或黑墨树做秋千架。两种方法都要保证麻绳和枝干以及整个秋千架子的结实和坚固，才能保证安全。

纳西族在丽江或泸沽湖地区，平时都有10岁左右的男女孩子，可以利用场院中晒粮架的横杆或地头山间大树的枝干，拴上绳子游荡玩乐。而成年人的群众性打秋千活动，则是集中在春节期间进行的。那时每个较大的村寨或近邻的两个小村之间，都竖起秋千架，成为全村和外来宾客聚集的热闹场所。有些村寨竖秋千架还保留着一些传统的规矩，正月二十日下午卸秋千架，木料放在不易日晒雨淋的地方，以备来年使用。

(3) 八人秋

① 定义：即八人秋千。苗族传统的体育器械。流行于湘西苗族地区。

② 起源：传说，以前有个苦孩子叫"苦八�"，从小死去爹娘。有一天，他上山打猎时，看见天上飞着一只叼着绣花鞋的岩鹰，苦八�把岩鹰射了下来。他想，做绣花鞋的人一定是心灵手巧、美丽善良的姑娘。苦八�照着水车的样子做了一个八人秋，送给了调秋会，好在调秋会上找绣花鞋的主人。最后终于找到了做绣花鞋的花妹，苦八�向花妹讲了射绣花鞋的经过，并表达了对花妹的爱慕，他俩结成了终身伴侣。从此玩八人秋就成了赶秋节上不可缺少的活动。在8人秋架上，分别坐着4男4女，架下站着2位老人——秋公和秋婆，先由秋公、秋婆念几句诗，再唱"开秋歌"，然后由秋公秋婆转动秋千，这就是"开秋"。当快速旋转的秋千停下来以后，谁停在最上面就要唱歌。因为玩八人秋有"竖秋千，八人坐，谁转上面就唱歌"的规则，在上面的两个人对歌，一直到大家满意为止。

③ 比赛：每年立秋这天是苗族的"赶秋节"(也叫"调秋会")除了玩"狮子灯"、"龙灯"、"打花鼓"，还要玩"八人秋"。

④ 规则："竖秋千，八人坐，谁转上面就唱歌"，当快速旋转的秋千突然停下来时，谁停在最上面就要唱歌。当然有的小伙子和姑娘为了寻求称心的伴侣，情愿停在上面，以歌声博得众人喝彩，赢得对方爱慕。很多男女青年往往就是通过这样的活动获得了爱情。

(4) 荡秋千

① 定义：朝鲜族传统体育项目，尤其受到妇女们的喜爱，并进行经常性的比赛。

② 起源：具有悠久的历史，从文献资料上来看，朝鲜族人荡秋千最晚也起源于13世纪。传说，当时因为妇女下地劳动生产，为了孩子们在家里有玩处，便在大门的横梁上拴上两根绳子，让孩子们荡着玩，以后不断发展成一种盛行的体育活动。《高丽史崔忠献

传》记载“端午忠献设秋千戏，于柏洞宫，宴文武四品以上三日。”及至李朝时期已发展为大规模的竞赛项目。

③ 比赛：荡秋千一般有单人荡和双人荡。比赛时评定优胜者有几种方法：一种是以秋千架前方高树上的树叶或花朵为目标，用脚尖碰着或用嘴咬掉树叶（花朵）者为胜；一种是在踏板底下挂一根长绳，测量秋千荡起的高度，高者为胜；还有一种是在秋千架前方竖两根杆子，杆上横拉一根系有铃铛的绳子，荡秋千者以碰铃次数多少决定胜负或在秋千架正前方竖起两根杆子，杆子之间系一条绳索，绳索上挂一只铃铛，称金铃，离地面高约 5 米，以此测量比赛者荡的高低。

（5）轮子秋

① 定义：青海省互助土族自治县流行的传统体育项目。他们把大板车的车棚卸下来，将车轴连轱辘绾的圈，罩上大红裙，就成了轮子秋。玩秋的人坐在绳圈里，其他人推动横杆，车轮就旋转起来，围观的人群在边上唱歌助兴。

② 起源：传说，只要打过轮子秋，一年中腰不疼，腿不疼，神清气爽。所以在土族人将轮子秋架起来以后，全村的老人、孩子都要上去转一转。年轻的姑娘最爱转轮子秋，在欢乐的土族乐器声中，他们身穿艳丽的民族服装，轮流登上轮子秋架，轮子越转越快，衣裙、花袖在阳光下闪烁飘扬，像一圈七彩花环。他们时而端坐，时而双手抓绳悬空，技术高超的能在上面做“寒雀独立”、“金鸡独立”、“猛虎下山”等动作，下秋后，头不晕、眼不花，继续歌舞。

③ 比赛：车轮立起来就是运动器械。人们把下面的轮子固定住，平放一梯子在上面的轮子上，并固定好，梯子两端各挂一绳套或捆绑一能站人的架子。转动车轮的同时，运动者分别在梯子或架子上做出各种动作，很像杂技演员的空中表演。

（6）打磨秋

① 定义：是彝族、哈尼族传统的体育活动。哈尼族每年农历五月的第一申猴日，是他们一年一度的“苦扎扎”节，各村寨的人都聚集到磨秋场上，欢庆春耕生产的顺利完成，预祝五谷丰登。

② 比赛：哈尼族人在打磨秋时，两端各伏一二人，可以扑伏在杆上，也可以骑坐在杆上。先是抵杆来回旋转，续而一头升起一头落地，上上下下悠悠荡荡，颇有乐趣。彝族的“磨秋”类似汉族的转压板。两端各坐重量相当的一人或二人，落地一方用脚蹬地，使木旋转，随即做蜷身、翻滚、骑杆等动作，既优美又惊险。

③ 场地：哈尼族的磨秋是用一根比较坚硬的木头，栽在寨边的草坪上。2 米左右高，顶部削得稍细一些，当作轴心。再挑一根横木杆，中间凿凹，架在轴上。彝族的磨秋选用的是直径 50 厘米、高 1 米、顶端稍小的木柱，取一条相同直径的 6 米长的横木，中间凿一个圆洞，两端各坐重量相当的一人或二人。

5. 叼羊

1）定义：是新疆哈萨克族、柯尔克孜族、塔吉克族、维吾尔族等少数民族共同喜爱的马上体育活动，具有悠久的历史，一般多在节日和喜庆聚会时进行。

2）起源：这项活动起源于中世纪。当时游牧部落十分痛恨在草原上逞凶的恶狼，一旦捕获了狼，牧民们便将狼驮于马上奔跑，争相抢夺，以示庆贺。后来逐渐发展成一项专门的娱乐活动，并由叼狼改为叼羊，多在喜庆的日子举行。

3）比赛：有分队和不分队两种形式，大家骑马争夺一只割去头的小羊，有时为了方便也用一张羊皮代替，以最后夺到羊并放到指定地点者为胜。这项运动争夺激烈，对抗性强，体现了草原牧民勇猛豪放的气质。

比赛开始时，先把准备好的2岁左右的山羊宰杀，割去头和蹄，扎紧食道，有的放在水中浸泡，有的还往羊肚里灌水。搞好后，把羊放在开阔平坦的草原上，参加者骑马蜂拥而上。马快而且马上功夫好的先驱者，把羊提起夹在镫带下或驮着羊不择道途地奔跑，其他人则追赶叼奔。到难分难解时，会有数百骑手围成一团，左拥右挤。有的事先结成十几人一伙，商定去向，分头进行冲群叼夺、掩护、驮遁和追赶阻挡等。负责叼夺的人马一般都是力量大的，一旦叼夺者在掩护下把羊叼出人群，驮遁者即接应上去，接过羊继续执行任务。这样反复叼夺，最后把羊叼到手，不被别人追上，也不被别人发现，把羊给那个毡房，则这一伙是胜利者，这只羊当然也是属于他们。

另外还有一种单骑式的叼羊。事先把准备好的羊丢在场地上，由代表本单位的两个单骑从马背上操起开始叼夺；或者由一人把羊拿起，让两个单骑者抓好，发出开始的口令，谁的力气大，叼夺得法，加之马好，谁就能夺得。叼夺者不得奔跑，只能在两个篮球场大小的范围内进行。这种方法可以根据参加者的人数多少来确定采用淘汰制或循环制。

6. 抢花炮

1）定义：是侗族和壮族的传统体育活动。它是用火药使铁环制的花炮腾空，落下时立于场周的参赛队涌入争抢，得环队突破各方堵截而送环至指定地点即胜。

2）起源：据说已有近百年的历史，在每年农历三月三举行。

3）比赛：花炮是一直径约3厘米左右的大红铁炮，炮筒口上端放着一个扎得结结实实的红布藤环子。点响铁炮后，当红布藤环冲上天空下落时，抢花炮者蜂拥而上抢夺红炮圈，抢到手后首先将其放入炮台的花篮内才能得分，得分多者为赢。一般放3炮，分头、二、三炮，抢完头炮，再放二炮，依次类推，凡抢到花炮圈的都有奖励。这项活动集抢、挤、钻、护、传、拦动作为一体，故被誉为中国式橄榄球。

4）场地：抢花炮的场地设在宽阔的平坝上，场地的一方搭一主席台，台上放着奖品——镜屏，每个镜屏前有一个花炮，场地四周围着成千上万的观众。

7. 射弩

1）定义：云南、贵州、四川、湖南、广西等少数民族聚集地区较流行的民族体育活动，特别是在佤族地区尤为盛行。另外傈僳族、怒族、独龙族、傣族也都使用弩。他们多在喜庆节日进行比赛。

2）起源：射弩的历史悠久，最早可以追溯到原始社会。

3）比赛：傈僳族喜欢在每年农历正月初一至初三举行射弩比赛，场面热烈。佤族多居住在林茂的山区，喜欢用弩射杀飞禽走兽。射弩比赛一般在农闲和节日里举行，老中青男子都踊跃参加。比赛时有两种姿势，一种是立射，一种是跑射。在高大的树杈上插3支箭，射手们要在50米处瞄准目标，连发3箭，要把树上插的箭统统击落。凡是在射弩比赛中获得第一名者被称作“神射手”，受到人们的尊敬和赞扬。

4）器材：弩为狩猎、防身工具，形略似弓，由弩枇、弩床、弩弦组成。弩一般长50～100厘米。弩枇与弩床呈月牙形，弩床即弩身的中间，有弩槽，为装箭处，下面镶口处有用牛骨制成的发牙，即扳机。弩弦用黄麻搓成或以竹筋编成，箭为竹制。

8. 摔跤

1）定义：我国的摔跤运动自周代到清末3 000多年来，一直在民间盛行。中国式摔跤在体重分级、比赛形式等方面与古典式、自由式摔跤基本相同，所不同的是评判胜负的标准。

2）比赛：

(1) 彝族的摔跤：传说在远古时，有一家兄弟三人上山放牧牛羊，每天没有娱乐活动。后来看到牛、羊打架，于是他们也学着样子摔起来。兄弟三人玩得高兴，牛羊肥壮。因此别的人家也就学着他们的样子摔起跤来。彝族摔跤的基本方式是从站立摔转为跪撑摔的循环式，主要动作是抓住对方腰带、抱单腿、过背、夹臂翻、穿腿等，使对方双肩着地为胜。四川凉山彝族摔跤则是双方先抱腰抓好，然后使用肩、臂和腰动作将对方摔倒，3战2胜为赢。彝族摔跤不搞决赛，连续战胜2个以上对手的就能得奖。

(2) 满族的摔跤：二贵摔跤，这是满族的花会行当，也是一种体育活动。表演者为一人，但他穿戴上巧妙制成的道具，就可以扮演两个扎小辫的顽皮儿童扭打摔跤。一人扮两人摔跤，却模仿得惟妙惟肖，一时难辨真假，显得滑稽、幽默。

(3) 达斡尔族的摔跤：每当聚众比武时必有摔跤一项。优秀的摔跤手达斡尔人视若英雄，称为“布库”。在民间传说故事中，有不少是描述“布库”的机智勇敢和他们坚强不屈的英雄品德的。摔跤手没有特殊的装束，只有腰间系一宽布带。摔跤时双方互握腰带后即可开摔，倒地为败。一人被摔倒后围观者中任何一人均可上场，经与多人较量而不败者为优胜，可赐以“布库”之誉。少年儿童摔跤，有他们自己的章法，把参赛者分为两队排列，首先由排头对阵，倒地者下场，其队中下一名上场与对方胜者较量，直到把一方的全部队员摔倒为止。

(4) 羌族摔跤：可分两种形式。一种为双方互相交叉抱住对方的腰带，用力把对方摔倒，这种摔法不得用脚踢、脚绊，以连续3次将对手摔倒者为胜。另一种形式为“抱花肩”，即双方互相抱住肩膀，以用脚将对方绊倒者为胜。

(5) 撒拉族摔跤：每逢喜庆节日和秋后农闲的夜晚，年轻小伙子们常到村外的场院或翻犁过的松土上激烈较量一番，这种比赛有本村内部的、有村与村之间的、也有撒拉族与藏族之间的。这种摔跤不得用脚使腿，而是全靠臂、腰的力量扭、摔、拉、背，而且必须摔倒在预先所划的两条线内。因此要摔倒对方不容易，须长时间争执，才能决出胜负。在公开场合比赛时，给胜者批红挂彩。

(6) 乌孜别克族摔跤：乌孜别克族喜爱摔跤，历史悠久，相沿成习，逐渐发展成节日喜庆、欢聚娱乐的体育项目。大凡众人聚在一起，只要选择较松软的土地，就可摆开架势摔上几跤，自由活泼。摔跤时不分体重级别，有时一跤定胜负，也有的是3跤2胜制的。凡有伤害对方的动作都以犯规论处。

(7) 东乡族摔跤：东乡族人把摔跤称作“巴哈邦地”，摔跤的花样很多，有“花花抱”、“揽腰抱”、“后腰抱”等等。在摔跤中，连倒3次为输，围观者往往组成啦啦队，给摔跤者助威鼓气。对手有时由摔跤者自选，有时由村人选定。

(8) 黎族的摔跤：是青少年喜爱的活动。黎族的摔跤主要是两人摔跤，即对等摔跤。开始后，两人相互交叉抱腰，或搂腰、绊脚，总之，到对方倒地为止。胜者受到人们的赞扬。

(9) 哈萨克族摔跤：这是一种力量和技巧的对抗，是哈萨克族青年喜爱的传统体育项目之一。这种运动多在喜庆的日子里举行，给获胜者奖励牛、羊、马等。

(10) 柯尔克孜族摔跤：这项运动由来已久。很早以前，摔跤不仅是一种娱乐活动，而且是选拔部落首领、决定战争胜负的、甚至争夺汗位的一个主要条件之一。这项摔跤活动很有特色，主要形式为抓腰、抓缠腿带摔跤。在摔跤时，一定要把对方的头部和背部翻倒在地，才算胜利。如果只是下半身倒在地上，而上身不落地，还不能决定胜负。柯尔克孜摔跤运动决不允许抱腿、抓腿。另外，还有一种盘腿摔跤法。这种摔跤主要是摔跤双方盘腿坐在草坪或屋内，用一条腿钩住对方大腿，然后用腿把对方翻倒。进行这种比赛时，严禁用手和用身体其他部位。

(11) 纳西族摔跤：纳西语叫“贡公”，是青少年最喜爱的运动项目，凡是青少年集中的公共场合，可以随时即兴举行。摔跤有对等摔和非对等摔两种。对等摔是指双方抱身的手平等，即双方的手上下交叉抱身，裁判下令后才能摔跤，倒地者为败，3 次定胜负；非对等摔，是指手位不平等，多是一方认为自己的劲大，愿让对方一手。让者抱对方的肩臂，被让者抱对方的腰身，规矩与对等摔跤相同。若事先没有讲明，摔跤时可以绊脚。胜者受到人们的赞扬和尊敬，但不发奖品。

9. 赛马

1）定义：马是最早被驯化的动物之一，我国早在五六千年以前就驯养马匹。赛马是我国众多民族喜爱的体育运动。

2）比赛：

（1）蒙古族：蒙古族长期过着游牧生活，马是重要的交通和生产工具，是牧民的无声伴侣。好马、好骑手享有极高的荣誉，因此赛马是牧民最喜爱的活动。赛马分奔马和走马两种。赛奔马参加者都是 10 岁左右的儿童。赛马前有专人精心调教饲养马，并进行人马配合的训练。赛程无定，均为 10 公里以上。

（2）藏族：赛马是藏族人民所喜爱的传统体育项目之一。当雄的“当吉仁术”、江孜的“达芒节”、青海的“盘坡草原盛会”及四川阿坝“草原赛马会”等，都是传统的赛马大会。每逢赛马会，藏族青年便身着盛装，骑着用哈达、羽花及铜铃打扮起来的骏马，喜气洋洋地参加比赛。藏族赛马的项目很多，有长跑、短跑及快马折腰、迅跑中拔旗、捡哈达、挥刀斩旗杆、马上打靶射击等。

（3）哈萨克族：赛马也是哈萨克人十分喜爱的一项传统的体育娱乐活动。赛马有赛走马和赛奔马两种。赛走马，是比马的速度、耐力、稳健。骑手是成年人。比赛时，即要使马走得快、稳、美，又不使马跑起来。赛奔马，是比马的速度和耐力，以先到达终点为胜。参加赛马的骑手大多是 12 至 13 岁的男孩。参加比赛的男孩，身穿红色、白色或其他颜色的衣服。参加比赛的马的鬃和马尾必须用各种颜色的布条辫起来或绑扎在一起，马上大多不配鞍具。赛程一般为 20 到 30 公里。

（4）水族：赛马也是水族人民非常喜爱的一项运动。赛马前先请一位德高望重的老人骑着骏马绕“端坡”（赛马坡）一圈。然后，勇敢的骑手们跃马扬鞭驰骋起来，他们还在疾驰的马上做各种表演。水族赛马是广泛的群众活动，不但青年人参加，连老人、孩子和妇女都能参加。

（5）纳西族：赛马是纳西族群众经常进行的体育项目，这与他们自古以来善于养马、骑马是分不开的。人们在放牧或过节时经常进行友好比赛，但不分名次。正式赛马是在每年 3 月的黑龙潭物资交流会和 7 月的骡马会时举行。比赛分预赛和决赛，优胜的前三名，分别得到金牌、银牌、铜牌及红绸等奖品。同时，还进行马上的技巧表演，如砍旗、射箭、捡东西和镫里藏身等等。专程赶来观看赛马的各族群众，人山人海，气氛喧闹热烈。

(6) 柯尔克孜族：赛马是柯尔克孜族最常见的一种体育活动，也是最精彩的游戏活动。赛马一般分为跑马赛、走马赛和跃马赛等。参加跑马赛、走马赛的骑手，一般都是11至12岁的男孩，参加跃马赛的骑手，年龄不限。在举行比赛时，马鬃和马尾用各种颜色的丝绸和布条打扮装饰。骑手穿上鲜艳的民族服装，头缠红巾。赛程一般长达20～30公里左右。过去由各部落及阿吾勒选出几位裁判来主持整个比赛活动。由一位裁判先把骑手们从终点带到起点，然后一声令下，骑手们往终点飞驰。途中，骑手们一边催马飞奔，一边擦拭赛马眼帘周围汗水。因为汗水流入马眼，就会减缓赛马奔跑的速度。当骑手到达终点时，众人高声欢呼，给自己的骑手助威。根据过去的习惯，赛马第一名可得9个银元宝、9峰驼羔、9匹马驹、9只羊羔等。牧民们认为，在赛马中得到奖励，不仅是得奖者的光荣，也是整个阿吾勒及部落的光荣。

(7) 达斡尔族：在历史上，达斡尔族可称为是马背上的民族。猎手追逐野兽离不开马，武士上阵征战离不开马，外出走访亲友离不开马。如果谁要有久经赛场的快马或善于远行的走马，是他的最大骄傲。赛马是达斡尔人炫耀自己的马和骑术的难得机会，多在春节或敖包会等重大节日和集会时进行，他们赛马分为竞速和竞力两种。竞速赛程短，以3至5里为限，跑道宽敞平坦，便于众赛手相互追赶夺魁，竞力赛距离10余里甚至20余里，赛途常遇小山坡和小河沟，主要比赛马的耐力和骑手的耐性。

(8) 撒拉族：撒拉族的赛马既不同于哈萨克族的“姑娘追”，也有别于蒙古族的赛马场，而是在平坦的草滩或大路上进行。参加竞赛的全是13至20岁的年轻小伙子。比赛用的马匹不备鞍鞯、笼头和缰绳，是一匹光背马。裁判一声令下，骑手们策马驰缰，向指定的目标飞奔，谁先到达终点，连人带马被观众簇拥着披红挂彩，热烈庆贺一番。作为游牧民族，马被视为力量和速度的象征，受到崇拜。赛马比赛规模盛大，比赛分男子组和女子组，运动员年龄不限，骑手多为少年男子，有1 000米、2 000米、3 000米、5 000米至10 000米，最长达30公里。赛马场原为直线，现改为环形。赛前领队带领骑手绕场两周，同观众见面。坐骑经精心打扮，额头翘起如小妞的总角，鬃毛被编成辫子，扎上鲜艳的绸带彩线，长尾打结卷起。由赛马派生出障碍赛、越野赛、马上射击、劈刺、马球等。《突厥百科全书》载：“今天的马球是中亚突厥各族人民的马上运动之一，后由中亚传入印度，在印度的英国人又将它传到欧洲，并以‘炮罗’的名称流传世界。”

(9) 塔塔尔族：赛马是塔塔尔族人民喜爱的传统娱乐和体育活动。参加比赛的马匹，几个月前就要挑选和训练，赛马场一般为平坦的大草场，赛程一般10～20公里，也有30公里的，终点设在指挥台前。赛马的骑手为少年男子，一般是10岁左右儿童，少则20至30人，多则40至60人。赛前，领队带领骑手绕场两周同观众见面。小骑手头戴花帽，左手引缰，右手执鞭，精神抖擞。参赛马匹不备鞍具，经骑手精心打扮，额头翘起“朝天辫”，鬃毛编成辫子，扎上鲜艳的绸带，马尾打结卷起。绕场完毕，人马一字排列起跑线上，一声令下，如箭离弦，骑手纵马扬鞭，观众热烈喝彩，声震原野。当一匹匹骏马疾驰之时，一个个的小骑手低伏马背，如腾空驾风，一面扬鞭催马，一面纯熟地揩拭着马眼帘边的汗水。这极为壮观的场面常使人山人海的观众欢呼跳跃，助威的呐喊如大海潮涌。比赛结束后，取得名次的骑手依次排列于指挥台前受奖。按塔塔尔族的习惯，获得第一名者，享有很高的荣誉。

10. 掼牛

1）定义：不是西班牙用剑把牛刺伤的斗牛，而是凭个人力量与技巧把牛摔倒。掼牛是回族的传统体育项目之一。

2）比赛：比赛时将一头公牛牵进场来，斗牛者用披风逗挑公牛，用鞭子抽打，使他发怒。发怒的黄牛瞪着发红的眼睛，怒不可遏地向人冲来，斗牛者挺身而上，顺势抓住牛的角，和牛一来一往地格斗，使牛消耗体力，然后通过爆发力和技巧，把牛摔倒。

11. 马上摔跤

1）定义：在马上进行摔跤比赛。两人各骑一匹马，相互交手，把对方拉离马鞍，摔倒在地上。

2）比赛：摔跤一般都在地面上进行，但哈萨克族是在马上摔跤。两人各自骑着马，相互交手，要把对方拉离马鞍，摔倒在地上。摔跤手不仅要有力量，而且要和自己的坐骑配合默契。马上摔跤采取打擂台的方式，一人败阵，另一人上来。有的连胜数人甚至十多人，但更多的是连战几个回合不分胜负。

12. 抱石头

1）定义：原地双手抱起石头，当抱至腹前时，从左（右）腋下抬至背上，再走完划定的圆圈，扔石于地。

2）比赛：

（1）抱石头是藏族的一种传统体育项目，多在喜庆日及集会时举行。比赛前将重100至150公斤的圆形石头抹上酥油，使之滑腻不易抱住，比赛者将石头捧起，从腋下移到背上，然后按规定范围抱石头走。走一圈者为胜。抱石头还有将石头向前或从肩部向后抛的比赛方法，以抛得远者为胜。

（2）虎熊抱石头是怒族的一项运动。一人蹲着，两手撑地，护着身下几块石头，旁边的人伺机从其身下抢石头，守护者用脚触人，被脚触中者要替换守护人，如石头被抢光，守护者脚还未触中人，则守护者要表演节目，然后重玩。

13. 赛牦牛

比赛：赛牦牛是藏族的传统体育项目。由经验丰富的牧民驾驭性情暴躁的牦牛进行赛跑比赛，原在农历十一月二十五日进行，现改在望果节。比赛时，牧民骑手待于起跑线，发令后即驭牛疾奔200～300米，以先到终点者为胜，获胜者将受到观众的热烈祝贺并受酒肉奖励。

14. 波依阔

1）比赛：波依阔使用的球有三种。小孩玩的是软球，用牛毛沾上水团成的，比较轻，稍有弹性；成人玩的是硬球，用杏树根块削成的，坚硬、耐打；还有一种球一般夜间比赛时用，点燃以后打火球。双方队员在激烈争夺中把火球传来传去，如游龙戏珠，煞是好看。

2）场地：场地大体上跟足球场差不多大，两端分别竖起两根棍子作门柱，比赛双方各11人，1人守门，2人后卫。其余的人进攻，用带拐子的木棒运球、传球和击球，将球打入大门为得分，按得分多少决定胜负。

15. 颈力比赛

1）定义：颈力赛是达斡尔族青年在田间劳动和渔猎生产的休息时间随时可以进行的体育比赛项目。

2）比赛：参赛双方脚对脚伸直腿坐在地上，将结好扣的宽布带套在各自的脖子上，双方按住自己的大腿，比赛开始，各自用力后仰，努力把对方拉起，因颈力不支而被拉起，臀部离地者为败。

16. 推杆

1）起源：传说，羌族刚到四川西北地区定居时，受到别的部族侵犯，于是选拔一批青壮年武士组成长矛军，杀败敌人，大获全胜。但庆功会上评选英雄时，谁也不说出自己的功劳。人们想出了推杆的办法，给得胜者敬酒，胜1次敬1碗，胜3次敬5碗。轮番比赛的结果，选出力气最大的勇士，评为英雄。从此，“推杆”便世代相传，成为今天的体育项目。逢年过节，以及喜庆的日子，人们把场院中晾晒东西的木杆取下来，进行推杆，赛一赛谁的力气大，以决胜负。

2）比赛：是选用一根约4米长、小碗口粗的木杆，先由一人半蹲在地上，双手紧握木杆的一端，双腿夹杆用力顶住，作为防守，另一人相对，双手紧捏木杆的另一端，用力前推，作为进攻。要求木杆必须保持平衡。严禁一头抬高或左右偏摆。裁判发令，攻者开始前推，以拍5下或10下巴掌（平均5秒或10秒）的时间为限，如进攻一方把防守一方推倒，或推过一定界限(距离在15厘米),就算胜1局,反之为败。双方轮流交换攻防位置,3局2胜、决定输赢。

17. 竹摔

1) 定义:竹摔是高山族人民喜爱的一种比力量、比机智的传统体育活动。

2) 比赛:比赛时不同部落各选出1～2名队员参加,对手之间握竹竿立于划定的赛圈内,各自将竹竿一端夹在腋下,选手与对手交叉紧握杆的前方,可以用推、顶、拔、移动、虚闪等动作,将对手摔出圈外便为胜。一般采取3赛2胜制,男女均可参加。

18. 拔腰带

1) 定义:双方解下头上的头巾系在腰间,两人互相抓住对方腰带进行扭摔,可以用勾、绊、缠、绞、挂等动作,但不得用手、脚或头进行抓、击、踢、撞。

2) 比赛:比赛过程中,双方手掌不得脱离腰带,如果滑脱,裁判应及时喊"停",重新互相抓住腰带进入搏斗,将对手摔倒在地为胜。

(1) 佤族的拔腰深受中青年男子的喜爱。秋收季节,小伙子们在歇息时聚集在打谷场上,进行拔腰比赛。赛时,双方体质、年龄要基本相等,不能过于悬殊。也叫拔桩,与摔跤有相似之处,但摔跤是用脚助力,抱紧对方上身来回扭甩,以撂倒为胜。拔腰不能用脚,两人互相侧身反抱对方腰部,双脚不许移动。以将对方两脚拔离地面者为胜,采取3局2胜制。

(2) 撒拉族这一活动是在两人之间角逐的。比赛双方弓腰反臂抱住对方的腰部,裁判下令后,两人尽力想法将对方提离地面。要求比赛双方牢牢站稳脚跟,一条腿伸向对方裆下,取半蹲姿势,当对方提自己时,尽力下坐,同时还要伺机提起对方。当对抗到相持不下时,必须不失时机一鼓作气地将对方拔地而起,以取得最后胜利。这种活动需要有毅力和耐久力。比赛仍取3拔2胜法。拔腰不用器械,不受场地限制,随处可进行。

(3) 土族拔腰是土族牧民喜欢较量力气的一项体育活动。拔腰就是这样一种民间活动。两个青年人对面而站,将对方的腰从右侧抱住,各自将右腿插入对方两腿中间,呈半蹲式,挺直腰、抬起头,裁判一发令,双方同时憋气用力,欲将对方抱起。谁使对方双脚离地即为胜者。

19. 木球

1) 定义:木球是回族人民喜爱的一项体育活动。

2) 比赛:先在场地上挖坑。坑数比人数少一个,坑的标准是直径20厘米,深20厘米。用一20厘米长的短木棒当木球。比赛时,参加人数不限,每人手拿1米长的木棒,站在坑前,另一无坑人则用木棒赶球,尽力将球赶入坑内,站在坑边的人要用木棒阻拦,不让木球击进自己守护的坑内,一旦木球被击入坑内,所有守坑的人要轮换坑位,这时赶木球的人乘机占坑,未抢到坑的人就变为赶木球的人。以赶木球次数多的人为负。比赛每场 10 分钟，分上、下半场，以进球多少计胜负。比赛结束时，负方受到的惩罚是叫喊“嗦儿”将球捡回，中途不准换气，否则重罚。

20. 古朵

1）定义：一项投掷运动项目。藏族牧羊人用毛线或牛皮制成一条软鞭，中间一端编得较大，可包住一小块石头。使用时，手提软鞭，套上石头，快速旋转几圈，将石头甩出去，可以打得很远。

2）起源：在藏文史书中记载，古朵原是牧民放牧时吆赶牲畜的一种工具。1904 年江孜人民在抗英保卫战中，曾用古朵作为武器，打得英国侵略军狼狈不堪，当时英军传说这是一种长眼睛的子弹。

3）比赛：形式有两种：一是将四五个牛角垒起来，再放上一石块，古朵摔出的石头将石块打掉，而牛角堆不垮者为优胜；二是打染成红色的牛尾巴，也是看其打的准确性。现在的比赛主要是打靶、打气球。

21. 踏脚

1）定义：是宁夏回族人民喜爱的一项对抗性很强的武术活动，活动的方法类似于朝鲜、韩国所开展的跆拳道。

2）比赛：在比赛时，除了头、颈部位外，身体的各个部位都属于双方互相攻击的目标。攻击对手时，规定只须用脚，不能用手，进攻和防守完全依靠腿来进行，在技巧上讲究手、眼、身法、步的配合。此项目充分体现了回族人民勇敢顽强、敢于拼斗的民族精神以及剽悍、矫健、豪放的民族性格。

3）规则：运动员只能用全脚掌蹬、踏或用脚的内侧扫打对方，严禁用脚尖踢人。

22. 挥杆套马

比赛：蒙古族传统的体育活动。多在喜庆节日举行。青年骑手以数十人为一组，云集草原，各持一长约 3 米的杆子。杆顶扎一绳环，环的大小以能套住马头为宜。先让一烈马疾奔，套马手们纵马飞驰，紧追不舍，到适当距离时即迅速挥杆将马套住。以先套住马头、拉住烈马者为胜。

23. 顶瓮竞走

比赛：朝鲜族传统体育活动。主要流行于吉林省延边朝鲜族自治州。常在劳动之余举行，参加者均为女子。比赛开始前，参加者先头顶一盛有 10 斤水的瓦瓮，站在出发线上，裁判员发令后，即快步疾走，每次赛程为 100 米或 200 米。走时，以瓦瓮不倒，水不溅出和最先到达终点者为胜。

24. 拾天灯

1）定义：天灯形如水桶，以竹青为架，外糊一层纸，底部放上小油灯。油灯点燃后，天灯内气温逐渐升高，待气温增到一定高度时，天灯便徐徐升到空中，随风游荡，至油灯熄灭才下降。

2）起源：壮、瑶族传统体育活动之一。流行于广东连山壮族瑶族自治县一带。

3）比赛：比赛开始时，先鸣炮三响，天灯升空后，各村寨派出数十名身体强壮的选手奋力紧追。天灯飘过之处。各村寨一边仰头观看，一边欢呼。拾天灯活动竞争激烈，按壮、瑶族习俗，天灯象征吉祥和长寿。故每次赛完，拾到天灯者除获得奖品外，本人及其代表的村寨都受到附近各村寨的祝贺。拾天灯活动一般在喜庆节日和丰收时举行。

25. 耍石砣

比赛：土家族传统体育活动。石砣形如鼓，原为古代土家族御敌武器。将石砣中间钻孔，用约1.6米长的木杆两端各穿一陀，单手或双手握着举起。在头部上方交手旋转或向各方推出，作攻打状，谓"耍石砣"。

26. 穿麻袋摔跤

1）定义：这是哈萨克族的又一项十分普及的运动，大人孩子都很喜爱。

2）比赛：比赛者把双腿套在麻袋或羊皮袋中，袋口用绳子系于腰间。这种摔法，限制下肢活动，只靠上肢用力把对方摔倒。既要保持自身平衡，又要摔倒对方，姿态各异，妙趣横生。这种摔跤，多在草地或松软的沙土地上进行，以防摔伤。

27. 马球比赛

比赛：这是一项受蒙古族群众欢迎的体育运动项目。参加比赛的双方队员手持"T"形拐棒，骑在马上击球射门，纵马互相追逐，比赛场面既紧张激烈又饶有风趣。

5.2.2 娱乐类

1. 赛骆驼

1）定义：蒙古族人民喜爱的民族传统体育项目，充满浓郁的牧区生活气息。

2）比赛：赛手们穿着蒙古族的服装，骑在驼背上，骆驼飞跑起来犹如离弦之箭。赛程一般为2.5～5公里，先到终点者为胜。获胜者常被人们抬起，唱歌跳舞，以示敬佩。

2. 沙哈尔地（空中转轮）

1）定义：维吾尔族人民最喜爱的体育项目，每年的春秋季节和举办婚礼时候都要举行。常常是与叼羊游戏同时进行，两者相辅相成，往往延续多日。每当这时，小商小贩云集，使游戏更具有热闹色彩和民族特色。

2）比赛：由主轴（高约 15.6 米）、木轮、轮杆以及绳索连接而成。主轴垂直竖立于地面，轮杆套住主轴底部，可由两组（各 4 人）向同一方向推动，主轴顶端装木轮，木轮与主轴底部的轮杆相连，木轮两侧各系有两根长绳，供游玩者牵附。游玩时，8 人推动轮杆，使木轮转动，带动绳端 2 人旋转。木轮旋转越快，人飞得越高。玩者轮换戏之，其乐无穷。

3）规则：由男青年推举的首领掌握。如有人因不文明的行为而破坏了现场秩序，首领视其情节轻重或应大家要求予以惩罚，重者可被驱逐出场。

3. 大象拔河

1）定义：是藏族民间比赛气力的拔河运动。

2）起源：是藏族人民群众中流行的古老传统的体育活动。相传已有四百多年历史。

3）比赛：比赛前，先在地上划两条平行线作为河界。比赛由两人进行。用一条长约 4 米的布带两端打结，双方各自套在脖子上，两人相背。将赛绳经过腹部从裆下穿过，然后趴下膝着地，趴着拔河。模拟大象，故名大象拔河。布带中间系一红布为标志，垂直“河”中央。发令后，双方用颈部的力量拖动布带奋力向前爬，以将红布标志拉过河界者为胜。无论谁输谁赢都能换来观众雷鸣般的助威和哈哈大笑声。

4. 爬花杆

1）定义：苗族群众“踩花山”的活动内容之一。爬花杆流行于贵州西部和云南的部分苗族中。在场地上竖一根五六米的木柱，杆顶上放一张票额较大的钞票。

2）起源：传说，花杆是为了纪念苗族英雄孟子佑而立的。孟子佑在率众反抗残暴的统治者的战斗中不幸牺牲。人们为了纪念他，在他的坟前，竖起了一根又高又滑的木杆，顶上挂有酒肉，以示悼念。

3）表演：一男青年双足紧缠花杆而上，头朝下吹芦笙，接着上身猛腾，翻转 180 度，头朝上吹笙。如此反复循环，直达杆顶。旋即以脚趾夹住钞票，双足伸出杆外亮相，然后趾夹钞票蛇行而下，至离地面数尺，翻筋斗着地。爬杆时自始至终笙声不断。如果趾夹的钞票不落，即作为奖金，给胜利者。否则仍置杆顶，另由他人表演。一般地区是，表演者上杆时头朝上，下杆时头朝下，上下都要以快者为胜。

5. 抛绣球

1）定义：壮、苗、瑶等民族的一种传统体育活动，流行于桂西、桂北一带。

2）比赛：绣球是姑娘们用各色小绸布块亲手缝制成的。绣球直径约 6 厘米，内装米、豆、沙子等物，重约 150 克，一般呈圆、方、八角形，上端系一根彩绳，底部缀有十数条穗带，球顶连接一根长约60厘米的飘带。人数相等的男女双方各站一边，每次选一人出场，一男一女相对而投。投球者手执飘带一端，旋转绣球，并将球向圆孔投去，若球能破纸穿过孔，即算获胜，投不进去的被罚一人出局。如此反复进行，群情振奋，直到对方无人以对才算全部获胜。然后另换男女两队继续比赛。投球活动一般在春节或“三月三”各圩举行。

3）场地：赛场上竖起一根约4米高的投球杆。杆顶为一块近1平方米或圆形的木板，木板中间是一个圆孔，顶端钉一块四方形板，中凿一直径约60厘米的圆孔，圆孔周围再凿几个直径约15厘米的小孔，上面糊上各色纸，用红纸将圆孔贴住。

6. 跳板

1）定义：朝鲜族的传统体育活动。流行于吉林、黑龙江、辽宁朝鲜族聚居区。多在元宵、端午和中秋节举行。

2）比赛：参加者多为女子，比赛进行时以2～4人为一组，分别站在一块长约5米的跷跷板两端，它有“抽线”和“表演”两种。“抽线”是在跷跷板两端各置一团线，抽出线头系于比赛者的脚踝上，在规定的时间内，以比赛者弹跳时所抽出的线的长度、高度，来判定胜负。“表演”则有自选动作和规定动作两种，主要根据比赛者的跳动动作难度和姿势进行评分。

7. 打陀螺

1）定义：拉祜族、佤族、瑶族人民都喜爱打陀螺，只是形式不同。

2）比赛：

(1) 拉祜族人打陀螺是对抗性活动，一人放，其他人打。他们的陀螺多用紫木制成，既大又沉，有的重1公斤。打陀螺的场地长4米，地上划两条线，分前、后、中场。前场大，为旋转陀螺的地方；中场是打陀螺区；后场是甩陀螺区。参加活动的人轮流旋转陀螺与打陀螺。开始，放陀人先在前场旋转陀螺，打陀人要在打陀区外，扔出自己旋转的陀螺来打击前场的旋转的陀螺，以将其砸出界外，自身又保持旋转者为胜。打不中第二人接着打。如打中，但未砸出界外，接着打的人就要退到甩陀区去打陀螺。这种活动可以以一对一的形式进行比赛或搞团体赛，但人数要相等。在过去，拉祜族人种的棉花不结桃，先祖要他们打陀螺，把陀螺砸开花，棉花也就结桃、开花了。为了祈求棉花丰收，拉祜族人就兴起打陀螺。

(2) 佤族一般在新米节、春节各村寨相互邀约分组进行比赛。从6～7岁的男孩到40～50岁的中年男子，都很喜欢打陀螺。佤族的陀螺制作十分考究，形状多样，有高脚陀螺也有矮脚陀螺。形状似鸡冠，用硬质木头制成，圆形，高约7～8厘米，直径约6厘米，头大身细，旋转快，且能发出清脆的嗡嗡声。玩时，以细绳缠陀螺，猛抽绳，将陀螺投放在地上使其旋转起来。打陀螺是一种冲撞赛。规则与拉祜族的打陀螺相同。

(3) 瑶族人打陀螺与其他民族不同,陀螺本质硬,顶部平滑,染上色彩,矮脚、脚尖上钉上铁钉,旋转时色彩斑斓,十分美观。他们打陀螺有近距离和远距离两种。近距离比赛是由一个队中先放一只陀螺,另一队在距离 4 米左右的地方用旋转的陀螺去打击,击中后仍旋转者为胜。远距离的打法先商定距离是 5 米或 10 米,分一队在划好的圆圈内把陀螺全部旋转,让另一队在规定距离外逐个用陀螺旋打,以击中多和陀螺旋转的时间长者为胜方。第二轮由负方旋转,胜方打击,不断打下去,时间可长可短。

8. 姑娘追

1) 定义:是哈萨克族青年男女喜爱的一种传统民间游戏,多在节日或喜庆日子举行。

2) 比赛:一般都事先物色好对象,游戏开始,一对青年男女骑上骏马,缓行来到事先指定的地点,途中男方可对女方任意笑谑,或表示爱慕之情,女方不得生气。到达指定地点后必须立即返回,男方须纵马疾驰,姑娘在后面紧追不舍,如果追上,女方为了报复小伙子的"调笑",可任意鞭打他而男方却不得反抗。不过女方一般不真打,只是扬鞭挥吓而已。许多哈萨克族青年在这一游戏中产生爱情,最终结成伴侣。

9. 跳竹竿

比赛:

(1) "跳竹竿"是京族渔民庆丰收的舞蹈活动,其活动方式如下:将两条长木杠平行排放,上放 8 条竹竿,分为 4 对。操竹竿者为 8 个男子,每边 4 人,双手拿竹竿,对面相向。一鼓手有节奏地打着鼓点,操竹竿的人按鼓点节拍,敲一下木杠合一下竹竿,或是敲两下木杠,合一下竹竿。青年女子便在竹竿之间跳跃,不能让竹竿碰着脚,跳的方式为"单跳"和"双跳"两种。

(2) 怒族用一根长约 5 米的竹竿,将两头插入地下,人们从其隆起的弓背跳过,随着竹竿两头距离接近,弓背越来越高,比谁跳得高。

(3) "跳竹竿"在黎族语中叫"卡洛"。它是黎族文体活动中的一项具有黎族民族特点的综合性活动项目,它既是体育活动,又有文艺的内容。据传,跳竹竿是黎族的先民很久以前就传下来的。这项活动的参加者男女老幼都可,在农闲的白天或晚上,在平地上摆两排平行木棍(或竹竿),再在木棍上面置 6 根或 8 根粗细相同的圆木棍或竹子,间距 3 尺(约 0.9 米)左右。在平行木棍的外面由数名男女蹲在地上,分别用双手拿着两根棍子的两头,然后大家有节奏地分击合拍,在竹竿上活动的,单人、双人以及数人都行,他们穿着盛装,竭力避免脚跟被木棍夹住,随着节拍表演各种动作。

10. 牛角棋

1) 定义:牛角棋又名"追赶棋",深得佤族儿童喜爱。它能开发儿童智力,是佤族少年儿童的启蒙棋。因棋盘活像一支水牛角,因而得名牛角棋。

2) 比赛:两人对弈,布三子,AB 子当甲方,C 子为乙方。走法:由牛角粗的一端向细的一端走子。乙方先走，甲方追赶。每次只能走一步，可进可退，也可斜走。甲方将乙方逼入牛角尖的“死胡同”为胜。在佤族山区的一些十字路口或竹楼后地上常见南瓜形、牛角形图案，便是棋盘。下棋是阿佤人劳动之后不可缺少的活动。

11. 背篓对赛

1）定义：高山族传统体育项目。原为男女青年求爱的一种活动方式。每年秋收后都要举行背篓会。

2）比赛：背篓会开始，头人将红布一晃，未婚男女就迅速散开，小伙子每人选中一棵槟榔树向上攀登，采摘槟榔。头人再一晃红布，背背篓的未婚女青年就跑到树下，于是小伙子便开始向自己心爱的姑娘的背篓里投槟榔。头人再晃红布，姑娘们开始奔跑，小伙子们从树上跳下在后面追赶，按规定需和姑娘保持四五米的距离，并不断地投掷槟榔。姑娘中意小伙子便徐步不前；若不中意，则把投中的槟榔倒出来，继续向前跑。有的地方比赛时，分男女两队，人数相等。比赛时，女方背背篓站成一排，男方持规定数量的球列队站于女方之后，相距四五米远。裁判员发令后，女方边歌边跑，男方紧追其后，在规定的三五米的距离外，将球投进篓内，以投中多者为胜。

3）设备：篓是用竹子编的，高约 50 厘米，口径约 25 厘米，外织图案花纹。球用槟榔，亦用沙包、橘子、乒乓球等。

12. 咕咕社

1）定义：是东乡族的一项体育活动。

2）比赛：由一个像鸡蛋大小的椭圆形木球，用树枝削制而成，长一寸余，粗半寸余。打“咕咕社”，也叫打“别烈棍”。“别烈”指长尺余的木棒，手握的一头呈圆状，击球的一头略扁。打“咕咕社”时，人数少则双方各一人，多则不限，双方相等即可。场地一般在麦场靠墙处或靠山崖的平坦地方，划一丈长呈方形的界限，俗称“岗沿”。守方居岗沿内将球击出，攻方从得球之地，无论远近，极力扔球入岗沿，入则换发球权，守方以棒迎去防守，击之越远越好，后以棒量数，以数计分，先满百棒者为胜。输方从落球之地持球，口喊出声，不许换地，一口气跑入岗沿，否则继续受罚，然后重新开始，这种体育活动适合山区，较为普及。

13. 踢毛牙

1）定义：是东乡族较流行的体育项目。

2）比赛：用一撮山羊毛和两枚麻钱缝制的毽子，可用脚尖、脚侧、脚背踢出 16 种花样如“出”、“趄”、“歪”、“侧歪”、“盘”、“跶”、“宾”、“隔”、“踧”、“占悄”、“占脚背”等，一般两人对赛，也可多人分组对赛。赛法有“十席”、“五席”两种，即每个花样踢 10 下或 5 下，以连续先踢够所有的花样者为赢，输方必须给赢方“丢毛牙”，做服役性跑腿，即在赢方前面，俯身拾毽子。

14. 马上角力

1）定义：为柯尔克孜族群众性的一种运动。参加比赛者，不受年龄和性别限制。

2）比赛：马上角力要求人力和马力的有机配合，其一般方式为两人对抗。比赛开始时，双方选手在裁判们的引导下进入赛场，围观者呐喊助威，选手们在马上相互俯首鞠躬问候。如果选手都是妇女，双方还要在马上拥抱接吻，以示友好。当口令一响，双方纵马驰向不同的方向，然后又勒转马头，像两头拼死的猛虎，嘴叼着马鞭，飞速向对方冲来，用一只手紧紧抓住对方的手腕，猛拉向自己一边。当角力进入高潮时双方的头甚至偏到马镫两侧，选手和马匹均气喘吁吁，最后，在这场角力中谁能把对方拉下马并落倒在地，就算胜利。角力赛中的优胜者，可得到多至1峰骆驼、1匹马、9只羊羔的奖励。

15. 蹬棍

1）定义：是青海土族、甘肃藏族、撒拉族喜爱的一项体育活动。

2）比赛：比赛时，两人相对席地而坐，双腿并拢向前伸直，二人同握一根长0.5米至1米的木棍对拉，脚掌相抵，同时用脚、腰、臂的力量争取将对方拉起，臀部被拉离地面者为负，拉蹬时双膝不能弯曲，看谁先将对方的臀部拉离地面，采用3蹬2胜法，不过要互换位置。蹬棍儿一般都轮流上阵，看谁全操胜券保持不败。

16. 扳棍

1）定义：是达斡尔族中颇为普及的一种体育活动。

2）比赛：扳棍是长约0.7米，直径约7厘米的光面木棍一根，参赛的两人脚对脚，伸直双腿对坐地上，各自的手互相交叉握紧木棍，待裁判一声令下各自用力扳拉，把对方拉起，使其臀部离地者为胜。围观者喊号为双方鼓劲，当被扳起者下场后，围观者可喊号为双方鼓劲，并可接替上场较量。

17. 扭棍

1）定义：这是羌族一项传统体育活动。

2）比赛：取一根长约1米的木棍，两人各握一端，各自朝相反方向扭动，以能将木棍扭转一周者为胜。比赛过程中，木棍不能接触身体，否则就算犯规。

18. 打蚂蚱

1）定义：是撒拉族青年普遍喜爱的一种传统的体育活动，竞赛方法大致和棒球、高尔夫球相似。

2）比赛：比赛时，攻守双方先两人以上组队，人数相等。在地上划一圆圈为雷区，直径约1米左右。确定击板权后，由一方开始进攻，轮流将“蚂蚱”放在圈内最佳处，然后用木板刃轻轻向“蚂蚱”一端一砍，“蚂蚱”必然腾空而弹起，攻手立刻再跟上一板，将空中的“蚂蚱”击向远方，防守人员迅速跑动，竭力去接“蚂蚱”。若是接住了，这位攻手就被“杀死了”;若没接住,就在原地将“蚂蚱”掷向雷区,如投入圈内,攻手也被“杀死”;若没投中,攻手就地再挥板砍击“蚂蚱”,且用板子丈量“蚂蚱”从落地处到雷区的距离,累计数字为成绩。接着轮到另一方攻守,若是成绩不如对方,便告失败,受对方惩罚。办法一般两种:让败方人员从雷区单腿跳到胜方拍击的距离点,若跳不到,就把胜方人员背到定点;让败方人员从雷区一口气呼喊着跑到指定地点,若是中途声断,亦将胜方人员背送到定点。这打“蚂蚱”一事很讲技巧,砍深了,“蚂蚱”会向后飞去;砍轻了,又冲向前方太远,拍板挥击不到,必须砍击到恰当处才行。

3) 设备:“蚂蚱”粗 1.5 厘米,长 6～7 厘米,两头削尖,呈枣核状,打板用一块长约 70 厘米,宽 6 厘米左右的木板做成,很像一把大刀。

19. 同镇赛力

1) 定义:“同镇”是毛南语,意思是两人对抗比赛。

2) 比赛:比赛时,在地上画出一个和篮球场中圈一样大的圆圈,直径约 3 米左右,圆圈中间划一条中线,是给运动员进场准备的位置,比赛前,甲、乙站好各自的位置,把前臂屈回到胸前,双手握左右上臂下端的关节,双脚打开约 50 厘米,上身下蹲,哨声一响,双方不受中线的限制,用力冲拱,谁被拱倒或被拱出圈线外,即算输 1 局。冲拱时,只许肩膀对肩膀,冲拱对方其他部位、用手推人、用脚踢人都是犯规的,比赛时不得擅自退出圈外,退出者算输,这种练功比力,往往持续到一方筋疲力尽才算罢休。而这种锻炼不受场地和时间的限制,不仅青年人喜欢,小孩也经常玩。

20. 同顶赛劲

1)定义:是毛南族较流行的一项体育活动。

2) 比赛:运动员腰扎一条腰带,没有腰带的可用几层布垫腹部,比赛开始,甲乙运动员面对面各站中线一边,木杠中间系的红布(或绳子)对准中线,裁判员提起木杠,运动员各自用双手握紧木杠的一端,贴在自己的腰带或垫布上,打开左脚或弓箭步。哨声一响,双方用力对顶,谁被顶倒或被顶出线外,就算输了一局。对顶开始后,不受中线限制,但不许一方突然放下木杠,如放下木杠就算犯规,也就算输了。

3) 场地:不需要固定的场地,随时画场地,场地宽 2 米,长 6 米,中间划一条中线,比赛时,要一根 2 米长、直径约 8 厘米的木杠,木杠中间系一条红布(绳子也可以)。

21. 打瓦

1) 定义:是锡伯族喜爱的一种体育活动。

2) 起源:它起源于锡伯族的狩猎时代,它可以锻炼臂力、眼力。

3) 比赛:打法是,每人手中拿一方形厚木块叫做“瓦”,分成人数相等的两个组,按顺序排成老大、老二、老三的代号。没打之前,先赌出立瓦组和打瓦组,输者立瓦,赢者打瓦。立瓦组按顺序将自己的瓦立在一条线上,打瓦者也要按顺序打,如果老大打了老二的瓦，就算“烧死”。“烧死”者，允许别人来救，救活后可以继续打，救不活的，就要变成立瓦者，而原来的立瓦者就变成了打瓦者。打瓦的方法共有20多种。

22. 跳火绳

1）定义：在四川凉山彝族聚居区，每逢节日夜晚，青年男女经常举行跳火绳比赛。

2）比赛：比赛时，选择一块平地为赛场。场地两端划上起点线和终点线。比赛者站在起点线上，手持火绳，待比赛令下，各人将火绳点燃后，象跳绳跑一样，直到终点，先到终点者为胜。在黑夜里进行比赛，火绳上下翻动，景象十分壮观。

3）设备：绳子是用藤条和浇有松油、桐油的布条拧成，把它点燃即为火绳。

23. 毛莱

1）定义：就是打木球。在湖南瑶族每年秋冬稍闲的季节，在瑶族的村寨里就会开展自己喜爱的木球赛。

2）起源：传说明朝时，瑶族就有打“毛莱”的活动了。

3）比赛：开球时，木球先放在洞中，听裁判的口令，先由双方各出1名能手来争夺挑出木球，球出洞后，双方用棒争夺打击木球，互攻对方球门，击入门者为胜。打毛莱的人数可多可少，只要双方人数相等即可，但最多每对不得超过20人，最少不得少于3人。每队以1人为首，指挥夺球攻击。

4）场地：打毛莱的场地可大可小，只要是长方形，不管是田地、场院都行。标准规格是长20米、宽13米。两端的中线划出一条1.3米的线段为球门。中场设中线，其中心挖一圆洞，半径13厘米，深6厘米。

5）设备：毛莱是一个直径10厘米左右的圆形球，用杂木削制而成，木质越硬越好，以檀木为佳。球棒是用2～3厘米粗的树枝做成，一端稍弯曲，长约1.2米。瑶族大都居住在山区，以林为业，木球的用具材料，伸手可得。毛莱的产生和发展与瑶族的生产、生活有着密切的关系。

24. 舞铃铛

1）定义：彝族传统文体活动。流行于贵州六盘水彝族聚居区。每年农历六月二十四日“割火草节”举行。

2）起源：相传已有300多年历史。

3）比赛：舞时数名青年两手各执5只彩绸扎连的铜铃，两足脚踝上各挂一串（10只）小铃铛，边跳边舞，节奏明快，动作协调。跳至高潮时，每两人叠起“罗汉”，或做各种难度较大的动作如“背翻摇铃”、“弓卧斗”等。

25. 哆毽

1）定义：是侗族男女青年非常喜爱的体育活动，尤以冬、春季为盛，春节期间进入高潮。毽子分青草毽、稻草毽、芦苇毽、鸡毛毽等几种。哆毽的打法不是用脚踢，不用拍子，只用手打。以拍得最高、最远，接得最稳，落地最少为优胜。

2）比赛：打法多样，场地也各异，可以单打、对打，也可以围成圆圈集体打；可以在巷子里打，鼓楼坪上打，也可以在寨子里的大坪上打。打法带有竞赛性的是拍毽者分两队对拍，中间站一人，负责捡、抛毽子，称“寨工”。寨工要跑动，跳起截击两边来往拍打的毽子，截住了，就换罚他人。

26. 藏棋

1）定义：藏语称藏棋为“密芒”，意为“多眼棋”。

2）比赛：藏棋棋盘纵横各 17 道，对局前要摆好 12 个子，黑白相间各 6 个，执白子者先走。藏棋与围棋相似，但它可以两人对下，也可以 4 人或 6 人对下，玩时没有时间限制，一般要三四个小时才能下完一局。

27. 打尺寸

1）定义：畲族传统体育活动。流行在福建东部的合族聚居地区，经常在劳动休息时举行。

2）起源：相传是纪念畲族英雄蓝奉高在反抗唐王朝的武装斗争中，以断弓（尺）将敌箭（寸）拨返敌阵的技艺演变而成。

3）比赛：参加者至少两人，多则五六人。在活动场地上画一个圆圈，一人手持木棍站在圈内，用棍击竹条飞向前方，其他人在前场奔接，接到者可得一定“尺寸”。未接住的竹条被就地拉起后可向圆圈投去，持棍者可用手接，也可用棍击出。若竹条投中圈内未被接住或未被击出，则投者得胜，持棍者换人。如竹条投落圈外，或被击出，其落点经丈量后，根据距离远近给予持棍者一定“尺寸”。在规定的时间内先得到规定“尺寸”或得尺寸多者为胜。

28. 皮爬犁

1）定义：鄂伦春族的孩子们在寒冷的冬天喜欢玩皮爬犁。

2）比赛：猎人们将野兽皮钉在爬犁底下，毛朝外，滑起来阻力小速度快。儿童们爬上高高的山坡，坐在皮爬犁上，疾速而下，远远看去，好像是各种野兽托着孩子们下山，非常有趣。比赛皮爬犁一种是比速度，另一种是比距离，锻炼赛手的敏锐眼力和掌握平衡的技巧。

29. 鄂伦春围棋

1）定义：鄂伦春传统棋种。

2）比赛：在桦树皮上画一个形状特殊的棋盘，棋子是用三角形的小木块制成。一方持有 24 个小子为兵卒，一方持 2 个大子为猛兽。比赛时，首先双方按照在棋盘上固定不变的阵势布好阵。持大子的一方把2个大子摆在棋盘两头交叉处，持小子的一方在棋盘的8个交叉点先布上8个子。持大子一方先走，设法吃小子，必须跳一格方能吃。如小子把格堵死不让大子跳吃，大子则需一步一格地走。持小子的一方可根据战略需要用手中的16个子往棋盘上布，大子每走一步，小子可布一子。待手中16个子都布完之后，持有小子的一方还可根据需要一步一格地走布好的子。决定胜负是看大子一方被小子一方围得寸步难行，即小子胜；如小子一方被大子吃得没有足够的兵力围住大子，则大子胜。

30. 叉草球

1）定义：每逢喜庆节日，赫哲族青年就聚在一起，玩叉球游戏。

2）比赛：参加这种游戏的人数不限，可多可少。参加游戏者分成甲乙两个组，人数相当，每个队选出一个指挥者。用草扎一个如同碗大的草球，凡是参加游戏的人，每人手拿一支扎枪，一声号令，游戏开始，先由甲方一人将草球抛向空中，待草球从空中落下来的时候，全体参加者一齐向前叉草球，哪个组叉中，哪个组得分。然后再由乙方一人抛草球。经过多次反复，分数逐渐拉开，得分多的组就胜利了。

31. 响箭（碧秀）

1）定义：碧秀即“响箭”。藏族传统体育活动。

2）起源：流行于西藏自治区，相传已有400多年历史。每逢望果节举行。

3）比赛：碧秀长80厘米，箭杆竹制。尾部插天鹅羽毛。头部有木制椭圆形装置，四侧有小孔。射出后，因空气进入小孔而发出声响。比赛时，射程30米，靶场空中悬吊20厘米见方的靶子，靶心是活的可以脱落。参加比赛的选手，每人射2箭，中1箭献哈达1条，中2箭就献哈达2条，2箭都失利者，罚喝酒1杯。

32. 顶杆

1）定义：瑶族传统的体育项目，有的地方称为“肚腹”或“对顶木杆”。以广西龙胜县红瑶地区最为流行。多在喜庆节日举行。

2）比赛：比赛时，双方各以红布缠腹。分别用腹部顶住一根碗口粗、长约3米的木杠两端进行对抗。双方用手扶住木杠，奋力向前推顶，直至一方不支败下，再换一人与胜者较量。凡能连胜5人以上者，被誉为大力士。男女均可参加或男女混合比赛。

33. 三雄夺魁

1）定义：是彝族人民喜爱并广泛开展的一项传统体育活动项目。

2）比赛：比赛时，3人分别将绳索套在肩上或腰部，形成鼎立之势，3人面向或背向均可；谁能将绳索的中心标志拉过自己的标志线，谁就获胜。“三雄夺魁”也是勇者的竞赛，对抗性强，活动量大，身体可以得到全面锻炼。

34. 夹包

1）定义：在北京地区的满族、回族中盛行的体育活动。

2）比赛：夹包时，须用脚掌内侧将包夹住抛起，向对手一方发起进攻，利用腰部腿部力量将包甩到对方的场地上，以落点的远近确定得分多少，落点越靠近对方端线得分越高。为了防止包落地，守方在规定的区域范围内可用头、躯干、下肢阻拦。包在空中飞行时，防守队员可以利用下肢和脚踢挡包。

3）场地：比赛是在一块长 22 米、宽 6.15 米的长方形场地中进行，在场地的中线设有一球网，其高度根据参赛者的不同年龄来确定。比赛采用 5 局 3 胜、3 局 2 胜制均可，5 分钟为 1 局，得分多者为胜。

35. 打布鲁

1）定义：蒙古族传统体育活动。流行于内蒙古哲里木盟、昭乌达盟、兴安盟和吉林的前郭尔罗斯蒙古族自治县一带。“布鲁”为蒙古语的译音。居住在草原上的蒙古族牧民，常常用布鲁打低空飞鸟，击地上的走兽，它是一种打猎的工具和防身武器。

2）比赛：比赛分投远和投准两种。投远时以投掷距离远近定胜负，一般均能掷出 100 米外。投准时，在场地上竖立 3 根高 50 厘米、上端直径 4 厘米、下端直径 6 厘米的圆形木柱为目标，木柱的间隔为 10 厘米。投掷距离一般为 30 米。投中目标即按规定得分。投远与投准均以每人 3 次为限。3 次投掷需在 30 秒内完成。投掷姿势无规定，以 3 次投掷中的最好成绩定名次。布鲁在内蒙古自治区列为那达慕大会正式比赛项目。

3）场地：布鲁为木制，长约 50 厘米，宽 6 厘米，厚 1.5 厘米，头部弯曲，形似镰刀，顶端包铅，重约 375 克，原为狩猎工具。

36. 吉韧

1）定义：吉韧藏语音译，意为“手弹康乐球”，是藏族人民喜爱的体育活动。

2）起源：据查已有 300 多年的历史。

3）比赛：在一光滑的方形木盘上，四周设有四个小洞，洞下面有编织的网子，黑白两色扁圆形球子各 9 个，另有 1 红色子放置球台中心。比赛分两人单打和四人双打。另备一子供双方弹击时用，双方用手指弹子力争将自己的球子弹入网内，并尽量阻止对方的进攻。比赛采取 3 局 2 胜制。比赛不受场地、性别、年龄的限制，深受藏族人民的喜爱。

37. 达瓦孜

1）定义：是维吾尔语“高空走绳”的意思，是维吾尔族人民喜爱的一种传统体育活动。

2）比赛：表演或比赛时，在运动场上栽数根 20 余米高的木杆，木杆隔开距离，顶端上系长约 60 米的粗麻绳，表演者横握一长杆在高空走绳，不但要保持身体平衡，还要在乐曲声中做各种表演，惊险动人。

38. 跳桌

1）定义：流行于广西壮族村寨的壮族传统体育活动。每逢喜庆节日举行。

2）起源：相传已有数百年历史。原为模仿猴子的跳跃动作，后经演变，加入传统民间武术动作，形成一套完整的舞步、舞姿形式。

3）比赛：表演时，场地中摆一八仙桌，在鼓乐鞭炮声中，表演者在桌上模仿做猴、鸡、青蛙等各种动物的动作，以轻捷、逼真者为佳。跳桌除在本村寨内举行外，也有组织跳桌队走村串乡进行表演的。这种活动深受壮族群众的喜爱。

39. 荡转车

1）定义：是黎族人民特有的一种活动。

2）比赛：转车架在高数米的木架上，可坐3～4人，多的可坐6～7人，有男有女，旋转时大家都要出力气，口喊："嘿，嘿，嘿！"气氛非常热闹、紧张和愉快、这项活动也深受黎族人民的喜爱。

40. 钱铃双刀舞

1）定义：是黎族人民一种艺术化了的体育活动，在节日或办喜事时表演。

2）比赛：表演者由两名男青年组成，其中一人持双刀，一人手握一串钱铃，执刀者绕着钱铃，佯作刺向对方身上的各个部位，持铃者也佯作挡架搏击，动作矫健。钱铃和刀碰击发出铿锵的声音。

41. 刀杆节

1）定义：是傈僳族人民一年一度的传统体育节日，每年农历二月初八举行。

2）起源：在傈僳族中，"刀杆节"的习俗已有数百年的历史。相传，明代外族入侵云南边疆，朝廷派出兵部尚书王骥带兵前往御敌。王骥到达滇西北后，依靠当地傈僳人民团结战斗，很快地驱逐了入侵者。二月初八，王骥奉旨回京，不幸在途中被奸臣害死。为了纪念这位反抗外族入侵的人物及在战斗中牺牲的人，傈僳族人民决定将这一天作为"刀杆节"，由此沿袭，逐渐形成一种传统的体育活动。每年的这一天，人们都穿上节日的盛装，成群结队地来到"刀杆节"会场，观看"上刀山，下火海"活动。几声火枪响过之后，首先7至8名"香通"（上刀杆表演者）为众人表演"跳火舞"。他们上身裸露，光着脚，模仿各种禽兽动作，在一堆一堆烧红的木炭上，来回跳动，还不时抓炭火在身上揩抹，圆浑的火球在手中翻滚、搓揉，而他们却毫不在意。经过火的洗礼，意味着在新的一年里消除各种灾难。

3）比赛：比赛会场中央，矗立着2根约20米长的粗大木杆，木杆上绑有36把锋利的长刀，刀口向上，银光闪闪，形成一架高得让人生畏的刀梯。就在人们敬畏担忧之时，上刀杆必不可少的祭祀开始了，几个穿着红衣裳，头戴红包头，光着脚的勇士，健步来到刀杆下，跪在一幅古代武将画像前，然后双手举杯过头，口中念念有词，接着将酒一饮而尽。然后，他们纵身跃起，轻盈敏捷地爬上刀杆，双手握住刀口，双脚踩着刀刃，鱼贯而上。最先爬上顶端的人，还要做高难度倒立动作，燃放鞭炮。几千名观众仰首观望，不时爆发出阵阵喝彩声。这一古老而又奇特的“刀杆节”，已被有关部门正式定为傈僳族的传统体育活动。

42. 刺球

1）定义：是台湾屏东来义乡古楼村的排湾族在6年一次的年祭中的一项重要活动。

2）比赛：参加刺球的人，拿着长近3米高的竹竿，竿顶上插着25厘米长的尖刺，围坐在排成一圈的刺球架上，神球用山藤编成，共有5个，分别代表丰收、丰猎、健康、婚姻、英雄的含意。刺中哪个球，就表示其祖先在未来的6年内，保佑他享有这个球所表示的幸运。当一个神球被抛向天空时，坐在刺球架上准备接球的男同胞，立即双手握着竹竿向球刺去。在5个神球中，以第5个最为珍贵。刺中的人要立即用砍刀把球和竿顶一起砍下，抱回家中供上。同时，刺中的人也将居于族中领导地位，备受族人尊敬和爱戴。

43. 棋弈

1）定义：达斡尔人有猎棋、围棋之分，源于他们早期的狩猎生活。

2）比赛：猎棋除棋盘外，有鹿2只，士24个，士猎鹿，鹿吃士。鹿被士堵住去路为败，否则为胜，围棋两人对弈，有36个子和24个子两种，双方交替下子摆阵，按一定规则吃对方棋子，最后迫使对方损失大部分棋子，承认无力对阵者为胜。

44. 舞草龙

1）定义：是仫佬族人春节活动项目之一，体育运动与娱乐活动两者内容兼而有之。

2）起源：据说是青少年见大人做布龙闹春节，他们没有做布龙、舞布龙的能力，便用禾秆草编织草龙来舞。民间传说，是小长安乡地州屯的青少年最先兴起来的。他们编成草龙在大年三十晚上舞草龙游村，夜间不小心烧了草龙，年轻人舞起这“火龙”别有一番风趣，大人看了忍不住也参与活动。后来，大人也编起草龙，舞草龙变为全屯性的文娱体育活动了。

3）比赛：草龙的做法是：将禾秆草编成一条长长的草帘，长度可由编织者自定。

45. 象步虎掌

1）定义：是仫佬族山乡的老少都喜欢的民间体育活动。每当入秋农闲之后，仫佬族民众便聚集在村前的大榕树下或村中的晒谷坪上，比一比力气，赛一赛耐力，练一练身体。

2）比赛：象步虎掌的比赛方法是：在地上画一条长约50～60厘米的“楚河汉界”。

参赛者面对面地站在“楚河汉界”的两边，站稳马步，裁判员一声令下，双方手掌相合，各自发力妙用巧劲，使对方脚掌错位即可赛出胜负。象步虎掌比耐力，也赛巧力，不受场地的限制，也不需要任何器材，融娱乐和强身于一体。因而在仫佬山乡备受欢迎。这一项目曾参加广西壮族自治区和少数民族体育运动会。

46. 群龙挣珠

1）定义：是仫佬族青年的水上体育竞技活动。

2）比赛：每当夏季来临，仫佬族青年都要选择一些农活不忙、阳光灿烂的日子，拿出本地出产的水果，来到河边或水库边，举行“群龙争珠”竞技会。他们往水里投放一定数量的水果，然后把人分成两组，潜入水中将水果摸上来。在规定的时间内以摸获水果数量最多者为胜者，奖品就是水果，负方罚游水、潜水，直到无力再游水、潜水为止。

47. 斗鸡会

1）定义：是仫佬山乡令人心醉的娱乐活动，它多在秋后和春节期间举行，斗鸡的关键是有良好的斗鸡，为了选择斗鸡，仫佬人特别喜欢养公鸡。

2）比赛：斗鸡那天，好不热闹，人们将斗鸡从四面八方运集到斗鸡场。斗鸡开始前，选出4位裁判：一人“积分水”和“横身水”，一人计“游笼水”，一人记分数，一个扳斗情。斗鸡会发6个奖，称头笼、二笼、三笼、四笼、五笼、结笼。获头笼奖的，是全村的光荣，父老乡亲纷纷敲锣打鼓，燃放鞭炮上门庆贺。

48. 顶头

1）定义：是一项京族体育活动项目，民间俗称“顶头”，是一种跪地以头相触推顶的游戏。

2）比赛：比赛双方面对面地两手撑地，双膝贴地而跪，两颗头颅相触，相互用力推顶着，如果双方在体力上势均力敌的话，赛一轮往往要10分钟甚至20分钟，直到有一方被顶翻在地，才宣告结束一轮，要连续进行3轮然后才定胜负。胜者往往要败者当众表演一个节目，有时也有罚饮酒或喝清水的。如果被罚者仍不服输，在受罚之后可以再重新比赛。

5.2.3 健身类

1. 竿球

1）定义：竿球又名顶球，是高山族喜爱的体育活动，盛行于台湾的屏东、潮州一带。

2）起源：有一段动人的传说。很久以前，有一位英勇的高山族人，守卫着人类的火种。他发现猛虎扑火，机警地用长竿刺死老虎，保住了火种。人们为了纪念他的英勇、警告入侵者、激励民族斗志，就开展了这项活动。按高山族的传统习惯，长竿刺中棕球则象征吉祥，万事如意。刺中球数多者，将得到人们的敬重、祝贺，还能受到姑娘们的爱慕。这项活动不仅在每年的秋后进行，而且为了迎祖先，庆丰收，期望年年五谷丰登，六畜兴旺，每5年还要隆重举行一次，俗称“五年庆”。秋收季节，大家互相帮助，早日收完，一起上山打猎，打到可供祭租用的山羊等大野兽，竿球活动才可开始。

3）比赛：竿球多按村落进行活动，参加者十多人、几十人不等。当族长宣布活动开始，身着民族服装、腰挎钢刀的运动员在群众欢呼声中兴高采烈地进入赛场，由抛球手向上抛出棕球，持竿者灵巧地摆动长竿（顶端尖状）顶刺下落的圆球，以刺中者为优胜。抛球数量无严格限制，有时抛球手也抛一些偏球，照顾一球未中的人。这样人人刺中，个个吉利。最后把插羽毛的球抛向高空，一被刺中就告胜利结束。

4）器材：竿球的竿长7～8米，粗细不拘，球是以树叶为中心，外用棕皮裹成，直径10厘米左右。

2. 柔连响

1）定义：柔连响是土家族喜爱的健身健美运动，不受场地、器材、季节的限制。

2）比赛：活动时各人以手掌不断拍打，按摩自己的头、额、面、胸、腹、肩、臂、膝、脚等部位的关节和穴位，配合舌头弹出有节奏的声响，拍节为四四拍或四三拍。演练时的步伐有秧歌步、鸭子步、穿花步、交叉步、颤步；动作有摇头、晃肩、甩肩、转腰、扭臀、挺腹、弓身、屈腿、蹲腿跳等等；套路有双打、三响、四响、七响、上九响、下九响、十响、穿掌收腿跳、颤步绕头转身跳等。活动时拍打的节拍要统一，而动作可即兴发挥。起势动作要缓慢、轻松、柔美；中段进入高潮，动作有力、刚健、多变；收式要协调自然、放松归元。

3）功用：柔连响活动有舒经活血、强筋壮骨、健身祛病之功效，便于群众开展。

3. 滚铁环

1）定义：滚铁环活动在汉族、蒙古族、满族、回族等少数民族中广泛流行，经过多年的总结，目前在北京地区此项活动开展的范围较大，并制定出竞赛的规则。它是一项趣味性极强的健身娱乐项目，很受青少年儿童们欢迎，器材简单，便于开展。

2）比赛：比赛的铁环有统一的尺寸，按年龄分为男女儿童组、少年组、青年组；项目有60米快速跑，100米障碍跑，4×50米接力跑。障碍跑首先要穿竿蛇行跑，再过独木桥，桥长2米、宽30厘米、高30厘米，最后还要穿过2米宽、15厘米高的小道才能到达终点。

4. 踢架

1）定义：踢架是拉祜族男子的活动。

2）比赛：几个人约在一起，分成两组，还有人当裁判。双方赤着脚互相踢，既要踢着对方，又不要被对方踢。只能踢屁股以下部位，不准踢其他部位，也不准踢下身。只许用脚，手不得帮忙。被踢一下不算输，连连被踢才算输。

5. 打篾鸡蛋

1）定义：在贵州一带流行着打篾鸡蛋。篾鸡蛋是用细篾编织的小球。一般多用斑竹（楠竹、金竹亦可），先劈成篾片，削去篾黄，再将青篾片劈成细丝编织成球形。篾鸡蛋直径约1厘米，大小似拳头，里面塞满稻草、碎布、棉花，呈鸡蛋状，并在上面涂上红、绿等颜色，宛如彩球。

2）比赛：比赛的打法略似排球，场中有分界线，两边人数相等，多为三五人，互相之间对拍对打，必要时也可以用脚踢。打不过界，没有拍回，或沾身体，均算输球。这种活动除了技巧熟练外，还要求互相配合默契。这不仅能锻炼弹跳、臂力和耐力，而且还能养成人们遵守纪律、团结友爱的良好风尚。

6. 打花龙

1）定义：在遵义、仁怀县一带流行着打花龙。打花龙是用细篾编织的小球。一般多用斑竹（楠竹、金竹亦可），先劈成篾片，削去篾黄，再将青篾片劈成细丝编织成球型。花龙的直径比篾鸡蛋小一些，比乒乓球稍大，里面装一些碎碗片、铜钱或砂石，使之相撞发声。并在上面涂上红、绿等颜色，宛如彩球。

2）比赛：人数不限，两人一组，在旷野进行。活动开始，开球者就竭尽全力将花龙扔出去，方向不限，随意远抛，其余人向落球方向追去，竞相奔逐，抢到者再用力扔出。每个人在扔球的同时要通报自己扔出的次数，次数越多，成绩越好。仡佬族称之为“牛撵牛”。这种活动时间不限，以感到疲劳困乏为止，每次往往要跑三四里地，它是一种越野跑和投掷相结合的全身运动。

参考文献

1 徐万邦,祁庆高.中国少数民族文化通论.北京:中央民族大学出版社,1996
2 林耀华.民族学研究.北京:中国社会科学出版社,1985
3 曾于久,刘星亮.民族传统体育概述.北京:人民体育出版社,2000
4 李鸿江.中国民族体育导论.北京:中国书籍出版社,2000
5 薛岚.体育素养导论.北京:科学出版社,2000
6 宋全,那晓波,高亚雄.中国少数民族知识丛书.北京:中央民族大学出版社,1999
7 李德胜.世界体育手册.广州:海潮出版社,2002
8 张宏成,陆升汉.大学体育.苏州:苏州大学出版社,2000
9 李爱真,吟丽苹,周岩.休闲娱乐艺术.北京:中国书籍出版社,2000
10 周兵,赵全,郑旗等.休闲体育.桂林:广西师范大学出版社,2000
11 辞海编辑委员会.辞海.上海:上海辞书出版社,1981
15 田麦久,蔡睿.轮滑运动入门.南京:江苏科学出版社,2001
16 田麦久,蔡睿.高尔夫运动入门.南京:江苏科学出版社,2001
17 田麦久,蔡睿.登山、攀岩与野营入门.南京:江苏科学出版社,2001
18 田麦久,蔡睿.有氧健身走与跑入门.南京:江苏科学出版社,2001
19 田麦久,蔡睿.力量练习器健身健美入门.南京:江苏科学出版社,2001
20 田麦久,蔡睿.飞镖与射靶运动入门.南京:江苏科学出版社,2001
21 田麦久,蔡睿.保龄球运动入门.南京:江苏科学出版社,2001
22 田麦久,蔡睿.航模与车模运动入门.南京:江苏科学出版社,2001
23 温元麟.定向越野完全手册.广州:南方日报出版社,2003
24 [美]克里斯·凯里.飞镖.北京:人民体育出版社,2002
25 刘学燕.沙壶球.北京:人民体育出版社,2004
26 北京未来之星体育运动项目培训中心.多米诺骨牌游戏手册.北京:人民体育出版社,2001
27 [美]杰·科克利(Janj. Coakley).体育社会学.北京:清华大学出版社,2003
28 査立.全球中文网络黄页.北京:电子工业出版社,2000
29 席建军.台球.北京:北京体育大学出版社,1998
30 刘雪,滕力华.桥牌.北京人民体育出版社,1997
31 程明松,柳玉球.象橡.成都:蜀蓉棋艺出版社,1997
32 徐家亮.国际象棋入门.北京:人民体育出版社,1997
33 赵云云,许宛云.围棋词典.上海:上海辞书出版社,1998
34 林公翔.休闲娱乐.福州:福建科学技术出版社,1999
35 顾渊彦.体育社会学.南京:南京师范大学出版社,1999
36 孙正平等.怎样观看体育比赛.南京:江苏科学技术出版社,1998
37 樊渝杰.夏季奥运会史.重庆:重庆出版社,1983
38 弗朗索瓦兹·伊妮藏.奥林匹克运动史,1999